强化学习与深度学习：通过 C 语言模拟

［日］小高 知宏 著

张小猛 译

机械工业出版社

本书以深度学习和强化学习作为切入点，通过原理解析、算法步骤说明、代码实现、代码运行调试，对强化学习、深度学习以及深度强化学习进行了介绍和说明。本书共 4 章。第 1 章介绍了人工智能、机器学习、深度学习、强化学习的基本概念。第 2 章以 Q 学习为例，重点介绍了强化学习的原理、算法步骤、代码实现、代码运行调试。第 3 章先对深度学习的几种常见类型和原理进行介绍，然后给出了例程和调试方法。第 4 章以 Q 学习中运用神经网络为例，介绍了深度强化学习的基本原理和方法，同时也给出了例程和调试方法。

本书适合想要获得深度学习进阶知识、强化学习技术及其应用实践的学生、从业者，特别是立志从事 AI 相关行业的人士阅读参考。

译 者 序

最近计算机领域非常流行被称为"ABCD"的四门技术，其中 A 代表 AI，即人工智能；B 代表 Block Chain，即区块链；C 代表 Cloud Computing，即云计算；D 代表 Big Data，即大数据。作为"ABCD"之首的人工智能，甚至被认为是一种在未来可以拯救人类的技术。毫无疑问，人工智能经历了几代人的研究和发展，已经进入了一个发展的快车道。

由于个人兴趣和工作原因，很幸运，我一直在从事"ABCD"四个领域的研究，同时也经常听到周围的朋友说想学习人工智能方面的知识和技术。确实，随着时代的发展，人工智能越来越需要普及，然而，很多人虽然想学，却不懂如何学，甚至不敢学。为什么呢？因为很多人工智能的教材都太过于高深了——介绍很多高等数学知识、统计学知识之后，才以这些为基础去深入讲解，这让很多许久没有接触过高等数学的人望而却步。

那么，有没有一本书是不需要从头理解数学体系，即可入手学习人工智能，尤其是细分领域的深度强化学习呢？我阅读过很多类型的人工智能方面的书籍，本书是较为循序渐进而无需过多数学知识的回顾就可以学习和掌握的。本书作者行文的基本思路是，首先介绍原理，接着介绍算法，然后介绍算法如何与具体编程语言进行匹配，最后通过整合后的完整代码进行运行和调试，为读者提供一个全面学习的通道。具体来说，本书首先对强化学习和深度学习的基础知识进行介绍，然后在此基础上，再对深度强化学习的原理和机制进行具体说明。同时，本书不仅仅是在概念上的说明，而且对具体算法用 C 语言进行了编码和实现，通过实际运行代码的方式去深入理解每一步的具体处理方法。极力推荐有兴趣的朋友购买阅读！

原 书 前 言

近年来，被称为"深度学习"的机器学习方法在诸多领域取得了成功。深度学习诞生之初，在图像处理领域中为图像识别率取得历史性突破做出了非常大的贡献。随后，随着深度学习的不断发展，深度学习不局限于应用在图像处理领域，在各种各样的机器学习应用领域都取得了非常显著的成果。

在深度学习的成功案例中，有一个基于强化学习的深度学习技术应用方向。强化学习是单纯从一系列行动的结果进行行动知识学习的方法。在强化学习中引入深度学习的方法，一般我们称为深度强化学习。关于深度强化学习成功案例的应用报道非常多，例如，通过运用深度强化学习，计算机能够在汽车转向盘操控方面获得超越人类的技能；通过运用深度强化学习，可以制造出能够打败围棋世界冠军的 AI 围棋棋手等。

本书首先对强化学习和深度学习的基础知识进行介绍，然后在此基础上，再对深度强化学习的原理和机制进行具体说明。同时，本书不仅仅是在概念上的说明，而是对具体算法用 C 语言进行了编码和实现，通过实际运行代码的方式去深入理解每一步的具体处理方法。

最后，本书能够顺利成书，离不开作者在福井大学的教育科研活动中取得的经验。在此向福井大学的各位教职工和学生表示衷心的感谢。另外，借成书之际，也特别对 Ohmsha 出版社的各位编辑表示由衷的感谢。最后，我也要感谢支持我写作的家人们。

小高 知宏

2017 年 9 月

目　　录

第 **1** 章

强化学习和深度学习

在本章中，我们重点讨论在人工智能中机器学习和强化学习所处的地位如何以及它们与深度学习的关系是怎样的。人工智能拥有各种各样的具体领域，而机器学习是这些领域中的一个，同时，强化学习和深度学习又是机器学习中的一个分支。而深度强化学习，则是在强化学习中引入深度学习方法的新型的机器学习方法。

1.1 机器学习和强化学习

首先，我们梳理一下人工智能和机器学习以及强化学习的关系。如图 1.1 所示，我们对它们之间的关系进行了描绘。人工智能当中存在着各种各样的研究领域，而机器学习是人工智能中的一个领域，机器学习与其他相关技术一起构成了整个人工智能研究领域。同时，作为人工智能其中一个领域的机器学习，也包含了各种各样的方法。其中，强化学习和深度学习是机器学习中的子领域。

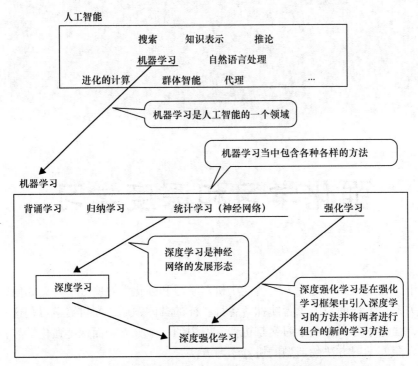

图 1.1 人工智能、机器学习、强化学习以及深度强化学习的关系

近年来，在强化学习的基础上引入深度学习方法组合而成所谓的"深度强化学习"的方法被提上日程。深度强化学习是将普通的机器学习方法中的强化学习与深度学习进行结合，使得强化学习的学习能力大幅提升的学习方法。

接下来，我们来了解一下关于人工智能的研究是如何发展到深度强化学习领域的。

1.1.1 人工智能

人工智能（Artificial Intelligence，AI）是从生物和人类的智力活动中获取灵感，构筑出来能够制造出相关有用的智能软件的技术的学问。人工智能是以生物和人类的各种各样的智慧活动作为对象，开展和推进研究工作的。

例如，搜索（search）、知识表示（knowledge representation）、推论（inference reasoning）等智慧活动是人工智能研究早期的中心课题。在 20 世纪 50 年代以后，为了把这些研究成果用计算机程序进行实现，相关的计算机程序的实现方法也开始被人们大量地研究。

搜索的算法是，从大量的数据中找到目标数据的软件方法。开始研究搜索算法以来，从遍历每一种可能性的不遗漏搜索方法，到利用问题的性质来找出更多知识数据的方法，人们提出了各种各样的搜索方法。搜索的研究成果（如数据检索、汽车导航仪的目的地搜索、机器人的行动选择和游戏 AI 智能行动选择等）为面向大规模数据的高效处理软件的实现做出了很大的贡献（见图 1.2）。

图 1.2　搜索——从大规模的数据中找出目的数据的软件方法

在人工智能领域中，将数据作为知识来利用的数据表现手法可以称为知识表示技术。知识表示与搜索和推论密切相关，针对各种各样的应用，人们提出了多种多样的知识表示方法。例如，以表达知识构成要素的概念之间的关系为目的的语义网络（semantic network）表示法[⊖]，框架（frame）表示法[⊖]，以知识为规则使得规则连锁处理简单化的生产系统（production system）等（见图 1.3）。

推论的算法是以已经存在的事实和知识为基础，生成出新知识的机制。推论有各种各样的形式。其中有以专家系统（expert system）[⊖]为例的正向推论。专家系统是推论系统的应用

⊖　语义网络表示法是一种以网络格式表达人类知识构造的形式，是人工智能程序运用的表示方式之一。由奎林（J. R. Quillian）于 1968 年提出。开始是作为人类联想记忆的一个明显公理模型提出，随后在 AI 中用于自然语言理解，表示命题信息。在专家系统中语义网络由 PROSPEUTOR 实现，用于描述物体概念与状态及其关系。它是由节点和节点之间的弧组成，节点表示概念（事件、事物），弧表示它们之间的关系。在数学上，语义网络是一个有向图，与逻辑表示法对应。——译者注

⊖　框架表示法是一种适应性强、概括性高、结构化良好、推理方式灵活，又能把陈述性知识与过程性知识相结合的知识表示方法。——译者注

⊖　专家系统是一个智能计算机程序系统，其内部含有大量的某个领域专家水平的知识与经验，能够利用人类专家的知识和解决问题的方法来处理该领域问题。也就是说，专家系统是一个具有大量的专业知识与经验的程序系统，它应用人工智能技术和计算机技术，根据某领域一个或多个专家提供的知识和经验，进行推理和判断，模拟人类专家的决策过程，以便解决那些需要人类专家处理的复杂问题，简而言之，专家系统是一种模拟人类专家解决领域问题的计算机程序系统。——译者注

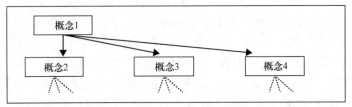

a)语义网络：概念之间的关系用网络的方式进行表示的知识表示方法

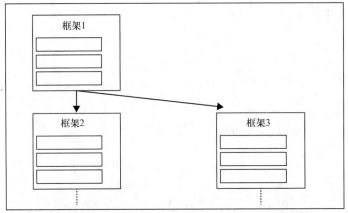

b)框架：在语义网络的基础上进行扩展，包含概念内部的结构的知识表示方法

```
IF    A      THEN      X
IF    B      THEN      Y
      ……
```

c)生产系统：用IF THEN的形式表示规则的知识表示方法

图1.3　知识表示的例子

实例之一。专家系统的推论方式是从已有的事实导出结论的正向推论方式。与之相对的还有逆向推论，逆向推论首先证明结论的正确性，然后由结论出发，逐级验证该结论的正确性，直至已知条件（见图1.4）。

作为正向推论的例子，例如医疗领域的医疗诊断专家系统，在医疗诊断中，通过对检查结果和既有的事实进行综合，运用知识推导出结论。与之相对应的，作为逆向推论的例子，例如定理证明专家系统，在定理的证明中，预先给予结论的证明对象，通过知识进行推论，推导出被认定为是事实的公理或已经被证明的定理。

搜索、知识表示、推论等技术同时也是机器学习（Machine Learning）和自然语言处理（Natural Language Processing）等应用技术得以实现的基础技术。机器学习是本书的主题，是以计算机程序获得知识为目的的人工智能技术。自然语言处理是用计算机程序处理英语、中文、日语等自然语言的技术。

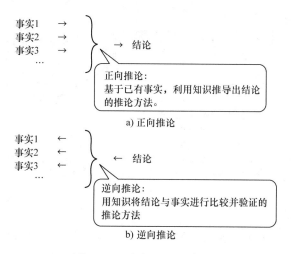

图 1.4　正向推论和逆向推论

在人工智能的研究领域，还包含进化计算、群体智能、智能体技术等，它们都是从生物和人类的智力活动获取灵感而制造出有用的软件的研究领域。进化计算（Evolutional Computing）⊖是受生物进化过程中"优胜劣汰"的自然选择机制和遗传信息的传递规律的影响，通过程序迭代模拟这一过程，把要解决的问题看作环境，把问题所有可能的解决方案组成一个"解决方案种群"，通过自然演化寻求"解决方案种群"的最优解。另外，群体智能（Swarm Intelligence）⊖，则是通过对鱼、鸟等生物群体所表现出来的智力行为进行研究和模拟，从而制造出智能软件。智能体技术（Agent Technology）是通过对生物和环境的交互方式进行建模，来创造出与环境相互作用的知识智能体的技术。

综上所述，在人工智能的研究领域中，通过模拟生物和人类的智力活动来制造智能软件的方法是多种多样的。而近年来，在这些方法中，机器学习技术是受到特别关注的。下一节，我们来探讨机器学习的基本概念。

1.1.2　机器学习

机器学习是用机器即计算机程序进行学习来获得知识的技术。这里的学习，与生物或人类的学习一样，是学习主体计算机程序和外部环境进行交互的过程中，学习主体的内部状态变化，获得新的知识的过程，如图 1.5 所示。

⊖　在计算机科学领域，进化计算是人工智能中的一个领域，进一步说是智能计算中涉及组合优化问题的一个子域。其算法是受生物进化过程中"优胜劣汰"的自然选择机制和遗传信息的传递规律的影响，通过程序迭代模拟这一过程，把要解决的问题看作环境，在一些可能的解组成的种群中，通过自然演化寻求最优解。——译者注

⊖　群体智能源于对以蚂蚁、蜜蜂等为代表的社会性昆虫群体行为的研究。最早被用在细胞机器人系统的描述中。它的控制是分布式的，不存在中心控制。群体具有自组织性。——译者注

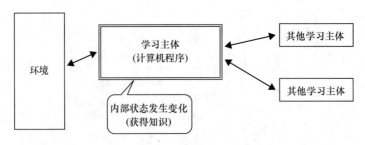

环境
学习主体
(计算机程序)
其他学习主体
其他学习主体
内部状态发生变化
(获得知识)
所谓机器学习，就是作为学习主体的计算机程序与环境进行交互的过程中，
学习主体本身的内部状态发生了变化，从而获得了新的知识。

图 1.5 机器学习

生物或人类的学习包含很多不同层面的意思。从狭义上讲，在学校学习和在家里看书自习都是典型的学习的例子。如果把学习这个词的意思再稍微拓宽一点，学习不仅仅是获取知识，获取体育技能和获取才艺也可以说是学习。再者，从每天的生活和经验中学习，使得人们能够更好地适应环境的过程也是学习。

同样地，机器学习也由各种各样的技术构成。如图 1.6 所示，在背诵学习（Rote Learning）中，比如人类为了记住年号和外语单词，把要学习的知识直接背诵并积累。背诵学习是一种简单的学习方法，比如，在中文输入法中的汉语拼音与汉字之间转换的转换可选项的学习上非常有实际应用价值。

知识
知识
知识
背诵学习系统

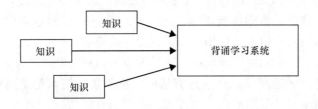

图 1.6 背诵学习

归纳学习（Inductive Learning），是从个别例子中给予的大量数据中推导出新的知识的学习方法的总称（见图 1.7）。一般来说，被给予的数据有正确的数据，也有不正确的数据。其中不正确的数据，我们通常形象地称为噪声（noise）。在“噪声”比较多的情况下，仅仅靠背诵学习并掌握事实数据是无法达到学习目的的。因此，以事实数据为基础，人们进一步提出了能够很好地说明事实数据知识的各种归纳学习方法。近年备受瞩目的、从大量的数据中找出规律性的大数据分析（Big Data Analysis）技术就是属于归纳学习的一种分析方法。

图 1.1 中所示的统计学习和强化学习是从具体方法的维度对机器学习进行分类的。统计

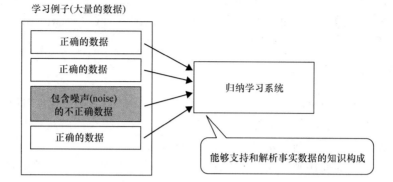

图 1.7　归纳学习

学习（Statistical Learning）[一]是以传统的统计学为基础的学习方法。在统计学习中，除了以前经典的统计学的方法之外，也包含了被称为人工神经网络（Artificial Neural Network，ANN）[一]的方法。人工神经网络是从生物的神经网络中受到启发，而被发明出来的统计学习方法（见图 1.8）。

生物的神经电路是由大量的神经细胞（neuron）相互连接而成的。机器学习领域的神经网络也一样，是通过模仿神经细胞，将人工神经细胞（artificial neu-

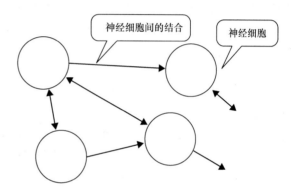

通过神经细胞之间相互连接并进行信息传递，信息得以处理

图 1.8　神经网络

---

ron）相互连接构成的。本书的后续章节中，都会把"人工神经细胞"简称为"神经细胞"，将"人工神经网络"简称为"神经网络"。而有关神经网络信息处理相关的具体内容，我们将在 1.2 节中进行介绍。

1.1.3　强化学习

强化学习（Reinforcement Learning），是学习程序通过经验学习行为知识的机器学习方法。通过强化学习，能够获得智能体的行为知识，也能够获得桌面游戏获胜策略的知识，甚至能够获得在某些局面下如何制定最佳行动策略的知识。

那么什么情况会需要用到强化学习方法呢？我们试着考虑一下日本象棋和围棋之类的游戏。为了取得棋类游戏的胜利，我们需要知道在各种各样的情况下，下一步应对的最佳策略。在这其中，获得每一步最佳策略的一种方法就是，请一个有经验的教师一步一步手把手地教。像这样，向知道每一步棋的正确应对策略的教师请教正确应对的学习方法叫作监督学习或有教师学习（Supervised Learning）（见图 1.9）。

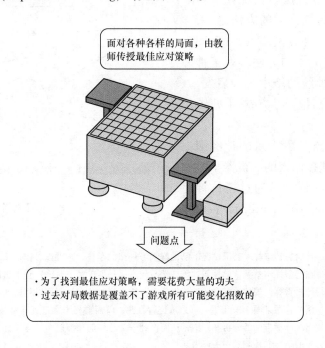

图 1.9　监督学习（获取游戏知识的举例）

通过监督学习获得最佳应对策略的学习方法效率非常不错，但是，遗憾的是这个学习方法也是有局限性的。这个局限性在于，如果某个游戏局面的可能性非常多，获得最佳策略所需数据集的准备就显得非常的困难。

从游戏知识获得的例子来说，由于游戏中的局面的变化非常多，为每一个局面都准备一个最佳应对策略并不是非常容易的。以日本象棋和围棋为例，如果从过去已有对局的棋谱数据来看，只要以前棋谱出现过的局面，我们可以知道以前棋谱上的应对策略是什么。然而，过去的这些棋谱数据对于围棋或者日本象棋这一类型的变化非常复杂的棋类来说，可供学习的数据量是远远不够的。而且，棋谱记载的所谓正确解法是不是该局面下的最佳策略也不得而知。甚至，在某些情况下我们可能会因为机械地模仿棋谱的某一步着法导致棋局失利，在这种情况下，在棋谱上记录的着法明显是不正确的。

为了摆脱监督学习自身的局限性，不能只是按照行动的每个阶段准备正确和不正确的解法进行学习，而是要准备一系列行动的最终结果进行学习。与此相对应的学习方法就是强化学习。

强化学习，就是从一系列的行动结果来开展的学习，是一种基于经验的学习方法。在我们上面讨论的下棋的例子中，学习下棋的方式稍微做一些改变，强化学习与监督学习不同，它不是像"监督学习"那样让教师传授各个局面的每一步如何应对，而是从游戏本身最终胜负的结果出发，来展开游戏知识的学习。

举个例子，我们以强化学习的视角来考虑一下日本象棋 AI 的学习（见图 1.10）。在这样的情况下，不是每个局面如何应对都紧随着教师的指导去走，而是在一局的对局结束时刻，从输赢的结果出发来评价对局中间每一步棋的走法。在对局中反复学习，渐渐地选择出每一步比较好的走法。换言之，强化学习就是从结果出发，在比赛经验中学习游戏知识。

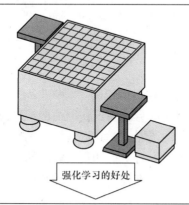

图 1.10　通过强化学习获得游戏知识

　　换个场景，比如获得机器人的行动知识的场景，强化学习的框架也是非常有用的。比如说，想让机器人双脚行走。在这种情况下，必须从机器人的姿势和各部位状态等各种传感器信息出发，去决定下一个给关节施加的转矩。

　　为获取机器人的行动知识，如果是用监督学习方式，教师必须要对机器人的每一种状态逐个进行观察，从而依次去确定各个瞬间的转矩。更进一步说，机器人哪怕只是稍微调整一下姿势，在监督学习的机制下就必须有与之相应的知识来匹配。这样一来，各种各样的状态都需要有与之相对应的知识数据，结果可想而知，这个知识数据是非常庞大的。因此，监督学习方式下，为了得到最优解所需要准备的数据量是非常庞大的，数据准备绝对不是一件简单的事情。

　　那么，假如我们以"机器人能够在一定时间内双脚行走并且不跌倒"为目标，使用"强化学习"为学习方法，机器人自己可以进行如图 1.11 所示的学习。与前面提到的游戏知识获取的例子一样，反复让机器人执行双脚行走的行为，从结果出发渐渐地获取到双脚直立行走的行动知识。

　　那么强化学习有哪些优点呢？强化学习的优点有很多，其中有两个优点非常显著：第一，强化学习对教师数据学习时"噪声"的耐受性较强；第二，强化学习对环境变化的可追溯性也比较强。这两点，我们在下面展开讨论。

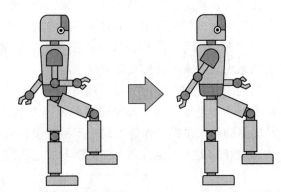

以"机器人能够在一定时间内双脚行走并且不跌倒"为目标开展学习

> · 开始是无法顺利完成步行的
> · 在反复行走的过程中，渐渐地获得双脚直立行走的行动知识

图 1.11　机器人通过强化学习获得行动知识

　　首先，对"噪声"的耐受性。这里所说的"噪声"，也可以理解为对学习产生影响的不确定因素。从前面所提到的机器人的行动知识获取的例子来说，由于传感器和传动装置的误差，即便施加了同样的转矩控制的机器人，其运动轨迹也有可能不一样。这种现象对机器学习系统来说，就是我们所说的对学习有干扰和负面影响的噪声。然而，如果使用强化学习的方式，机器学习系统会在反复行动的过程中获得行动知识，即使或多或少存在噪声，对学习本身也不会有很大的影响。

　　其次，对环境变化的可追溯性。在前面所提到的机器人行动知识获取的例子中，伴随着机器人不断反复地行动，外部环境的变化也非常多样，如地面状况和地形等因素也会在后续的行动中加以考虑。在这种情况下，在强化学习过程中，反复行动并学习，机器人会随着环境的变化而改变行动知识（见图 1.12）。

　　通过上面的学习，我们大致了解到了监督学习和强化学习的不同之处。有关强化学习的

图 1.12　通过强化学习解决噪声和外部环境变化所引起的问题

具体方法，我们在第 2 章将详细展开。

需要提及的是，在机器学习方法中，除了监督学习和强化学习之外，还有无监督学习或称为无教师学习（Unsupervised Learning）这一类型。无监督学习，与统计学中的聚类分析（Cluster Analysis）⊖和主成分分析（Principal Component Analysis，PCA）⊜等相类似，它是按照预先给定的方针，基于特征对输入的数据进行分类的机器学习方法（见图 1.13）。无监督学习，除了聚类分析等之外，还有一种基于神经网络的聚类算法叫作自组织映射神经网络（Self Organizing Maps，SOM）⊜。

⊖　聚类分析指将物理或抽象对象的集合分组为由类似的对象组成的多个类的分析过程。它是一种重要的人类行为。聚类分析的目标就是在相似的基础上收集数据进行分类。聚类源于很多领域，包括数学、计算机科学、统计学、生物学和经济学。在不同的应用领域，很多聚类技术都得到了发展，这些技术方法被用作描述数据，衡量不同数据源间的相似性，以及把数据源分类到不同的簇中。——译者注

⊜　主成分分析是一种统计方法。通过正交变换将一组可能存在相关性的变量转换为一组线性不相关的变量，转换后的这组变量叫主成分。在实际课题中，为了全面分析问题，往往提出很多与此有关的变量（或因素），因为每个变量都在不同程度上反映这个课题的某些信息。主成分分析首先是由 K. 皮尔森（Karl Pearson）对非随机变量引入的，而后 H. 霍特林将此方法推广到随机向量的情况。信息的大小通常用离差平方和或方差来衡量。——译者注

⊜　自组织映射神经网络（SOM），可以对数据进行无监督学习聚类。它的思想很简单，本质上是一种只有输入层 - 隐藏层的神经网络。隐藏层中的一个节点代表一个需要聚成的类。训练时采用"竞争学习"的方式，每个输入的样例在隐藏层中找到一个和它最匹配的节点，称为它的激活节点。紧接着用随机梯度下降法更新激活节点的参数。同时，和激活节点邻近的点也根据它们距离激活节点的远近而适当地更新参数。所以，SOM 的一个特点是，隐藏层的节点是有拓扑关系的。这个拓扑关系需要我们确定，如果想要一维的模型，那么隐藏节点依次连成一条线；如果想要二维的拓扑关系，那么就要形成一个平面。SOM 是通过自动寻找样本中的内在规律和本质属性，自组织、自适应地改变网络参数与结构。多层感知器的学习和分类是以已知一定的先验知识为条件的，即网络权值的调整是在监督情况下进行的。而在实际应用中，有时并不能提供所需的先验知识，这就需要网络具有能够自学习的能力。Kohonen 提出的自组织特征映射图就是这种具有自学习功能的神经网络。这种网络是基于生理学和脑科学研究成果提出的。——译者注

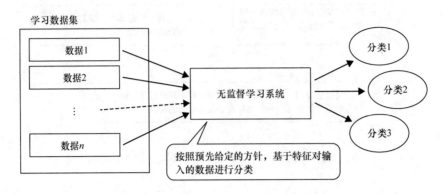

图 1.13　无监督学习

1.2　深度学习

深度学习（Deep Learning）是从神经网络学习发展而来的机器学习方法。下面，我们先对神经网络进行概述，然后在此基础上再对深度学习的产生背景和过程进行介绍。

1.2.1　神经网络

所谓神经网络，是由神经细胞之间相互连接，通过神经细胞之间的信息传递来进行信息处理的信息处理模型。这里的神经细胞是具有如图 1.14 所示的结构的计算单元。

如图 1.14 所示，每个神经细胞有多个输入 x_i 和一个输出 z。神经细胞对每一个输入乘以与其相对应的定量——权重（weight）或叫作结合权重，然后将所有相乘的结果进行合计。用上面所得的合计值减去一个叫作阈值（threshold）的定量 v。最后将所求得的值传给某一特定的函数，其最终输出结果将作为神经细胞的输出。在这里使用到的函数被称为传递函数（transfer function）或输出函数（output function）。上述的计算过程如图 1.15 所示。

以上计算过程，可以按如下公式进行。

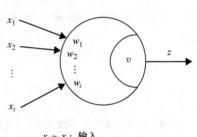

$x_1 \sim x_i$：输入
$w_1 \sim w_i$：权重
v：阈值
z：输出
图 1.14　神经细胞模型

$$u = \sum_i x_i w_i - v$$
$$z = f(u)$$
(1.1)

以上计算过程中，传递函数 $f(x)$ 通常采用阶跃函数（step function）⊖或 S 形函数或称 Sigmoid 函数（Sigmoid function）⊖。如图 1.16a 所示，阶跃函数一般是根据输入值不同有 0 或者 1 两种输出的函数。而 Sigmoid 函数一般是如图 1.16b 所示的平滑曲线型函数。

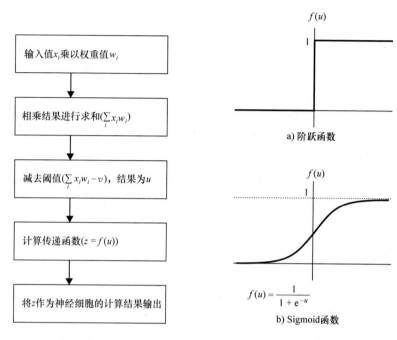

图 1.15　神经细胞的计算过程　　　　　图 1.16　传递函数的例子

如上所述，从输入到求得神经细胞输出的一系列计算，都是一些非常简单的计算。但是，通过巧妙地选择权重和阈值，神经细胞已经可以进行各种各样的计算。为了使每一个输入能够正确地得到期望输出，我们需要不断试验找出最合适的权重和阈值并进行设定，将"寻求并设定权重和阈值的工作过程"称为"神经细胞的学习"。那么，神经细胞是用怎样的方式进行学习的呢？下面我们将依次进行介绍。

我们知道，单个神经细胞已经具备了一定程度的计算能力了，但是为了进一步扩大计算能力，需要多个神经细胞组合。而神经网络就是将神经细胞网络化的计算结构。

神经网络的构成方式是多种多样的，如图 1.17 所示的阶层型神经网络，是一种被广泛使用的典型的神经网络。阶层型神经网络，是将多个神经细胞构成的不同的阶层，并以前后

⊖　阶跃函数是一种特殊的连续时间函数，是一个从 0 跳变到 1 的过程，属于奇异函数。在电路分析中，阶跃函数是研究动态电路阶跃响应的基础。利用阶跃函数可以进行信号处理、积分变换。在其他各个领域如自然生态、计算、工程等也有不同程度的研究。——译者注

⊖　Sigmoid 函数是一个在生物学中常见的 S 形函数，也称为 S 形生长曲线。在信息科学中，由于其单增以及反函数单增等性质，Sigmoid 函数常被用作神经网络的阈值函数，将变量映射到（0，1）之间。——译者注

叠加的形式组建而成的神经网络。在各个阶层中，存在多个神经细胞，各自接收输入值，计算出输出值。某个阶层的输出值将传递给下一个阶层作为输入值，并进行进一步的处理。

神经网络的学习机制与神经细胞的学习机制一脉相承，神经网络的学习过程是基于神经网络上的输入值求出所对应的期望输出的过程，本质上是不断调整构成神经网络的各个神经细胞的权重值和阈值的过程。关于具体的学习方法，我们将在第 3 章中进行介绍。

神经网络的计算模型是于 1943 年由麦卡洛赫（Warren S. Mc Culloch）和沃尔特·皮兹（Walter Pitts）

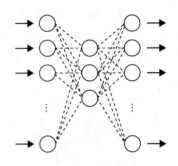

图 1.17　阶层型神经网络的例子
（3 层神经网络）

提出来的。从那以后，神经网络开始了大量的相关研究和讨论。得益于计算机技术的发展，近年来，针对大规模实用的数据集，这个领域也提出了各种各样的神经网络应用方法。这些方法一般被称为深度学习。

1.2.2　深度学习的出现

深度学习是从 2010 年左右开始出现的，是通过神经网络进行机器学习的方法的总称。在深度学习领域中，为了能够实现传统神经网络上无法处理的大规模数据的学习，大量的应用实例正在被推进。

举个例子，图像识别的应用就是一个很成功的例子。图像识别是智能地判断"输入图像为何物"的技术（见图 1.18）。神经网络的图像识别在很久以前就开始就被研究了，近年来，得益于深度学习技术的广泛运用，图像识别的识别精度得到了非常显著的提升。

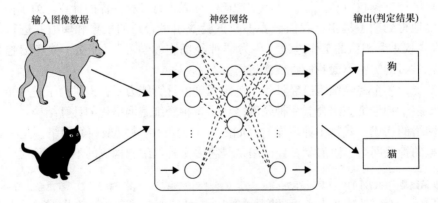

图 1.18　基于神经网络的图像识别

在图像识别中使用的深度学习技术是一种被称为"卷积神经网络"（Convolutional Neural Network，CNN）的技术。卷积神经网络是阶层型神经网络中的一种，是一种能够有效地对特大规模的、复杂的数据进行学习的神经网络。

　　在传统的阶层型神经网络上组建图像识别系统用的主要是全连接神经网络。全连接神经网络顾名思义就是，将前面阶层的神经细胞的输出与下一层所有的神经细胞进行结合的神经网络。在这样的网络中，为了处理大规模复杂的实用数据，伴随着神经细胞数量的增加，结合数会变得非常庞大，从而，相应的权重值和阈值的组合也变得非常多，最终导致机器学习的难度加大。因此，使用全连接神经网络的图像识别技术，在可运用的数据范围上和识别的精度上都有一定程度的局限性（见图 1.19）。

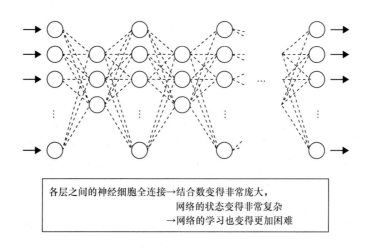

各层之间的神经细胞全连接→结合数变得非常庞大，
网络的状态变得非常复杂
→网络的学习也变得更加困难

图 1.19　全连接神经网络的图像识别的问题点

　　实际上，我们人类，还有其他动物，通过生物体内的神经细胞组成的网络几乎每时每刻都在进行着各种各样的图像识别。如果对生物的视神经网络进行观察，我们可以发现其中用于提取图像特征的神经网络。在那里，神经网络进行了针对图像中包含的特定成分做出反应并输出结果的处理。受到生物体"图像识别"机制的启发，人们以生物的视神经系统作为范本，组建了"用于图像识别的神经网络"。这就是所谓的卷积神经网络。

　　卷积神经网络主要由多个成对出现的卷积层和池化层组成，卷积层和池化层一一对应。其中，卷积层负责将图像的特定特征信息提取出来；池化层则负责将除图像以外的所有特征信息提取出来（见图 1.20）。在卷积层和池化层中，神经细胞不是全连接的状态，而是以重复进行简单处理的方式构成神经网络。因此，即使在大规模复杂的卷积神经网络上，也可以有效地进行权重值和阈值的学习。

　　卷积神经网络的图像识别能力有很高的效率和准确度。随后，卷积神经网络也被应用于非图像识别领域。本书最重要的主题是深度强化学习，卷积神经网络也是一种被广泛地作为与强化学习一同使用的深度学习方法。

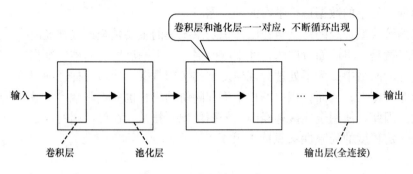

图 1.20 卷积神经网络

1.3 深度强化学习

本节中我们将介绍在强化学习的框架中进行深度学习的方法，即所谓深度强化学习。首先，作为深度强化学习的事例，我们将重点介绍 DQN 和 AlphaGo。紧接着，我们将介绍本书第 2 章以后的关于深度强化学习的流程，最后，我们将以编程实例的方式来介绍本书所用到实例程序的运行环境。

1.3.1 深度强化学习概述

深度强化学习是在强化学习的基本框架上运用深度学习的机器学习方法。强化学习的有效性正在逐渐地被各种研究实例所认可，其中，DQN 和 AlphaGo 就是这些研究中非常出名和非常成功的案例。接下来我们通过 DQN 和 AlphaGo 两个事例来介绍深度强化学习的实现方法。

参考文献 [1] 中所介绍的 DQN（Deep Q-Network）是采用了在强化学习的基础上用卷积神经网络方法组合而成的深度强化学习方法，从而获得了与人类同等的控制知识的研究事例。在这个研究中，实现了以电视游戏的图像数据为输入，以游戏手柄的操作信号为输出的控制系统。而获得控制知识的机制和一般的强化学习方法一致，也是通过反复玩游戏，以游戏得分相对较高为基准不断刷新控制知识。但是，从游戏画面的图像数据中获取游戏手柄的控制信号的知识这一点来看，由于引入了深度学习的方法，因此与以往的强化学习相比略有不同。

游戏画面的图像数据本质上是构成图像的像素数值的集合。因为数值的排列组合可能性是多种多样的，所以机器学习系统需要学习的输入数据的数量是极为庞大的。因此，要从如此大规模的游戏画面数据中学习游戏手柄的控制信息，用以往的机器学习方法是远远不够的。

因此，为了能够学习大规模输入数据，这里引入了深度学习的方法。通过这样的方式，在强化学习的框架中引入了卷积神经网络，使得机器学习能够顺利地应对大规模的学习数据

（见图 1.21）。

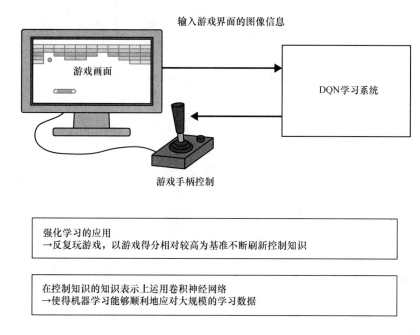

图 1.21　DQN 系统获得控制知识的机制

参考文献［2］是将深度强化学习的方法应用于 AI 围棋手的事例。就以前来说，制造出"能够打败职业围棋棋手的 AI 棋手"是非常难以想象的事情。而参考文献［2］中记述的 AI 棋手 AlphaGo 却接连做到了这一点。2015 年，AlphaGo 对战二段职业棋手取得了胜利；第 2 年，2016 年 3 月，AlphaGo 对战世界顶级围棋棋手，在全部五场比赛中获得了 4 胜 1 负的战绩；2017 年 5 月，AlphaGo 对战世界排名第一的棋手，取得了三战全胜的战绩。AlphaGo 向世人展示了 AI 棋手的强大威力。

根据参考文献［2］，AlphaGo 中也使用了 DQN 系统中孵化出的深度强化学习的方法（见图 1.22）。AlphaGo 的学习，大体上是通过两个阶段来进行的：第一阶段是，以过去的对局棋谱为教师数据，进行监督学习；第二阶段则是，通过一个 AlphaGo 程序与另一个 AlphaGo 程序之间的对局，进行深度强化学习。

无论是 DQN 还是 AlphaGo，都是通过在深度学习的基础上引入了卷积神经网络得以实现的。在本书中，我们也会对"在深度学习上引入卷积神经网络"的相关内容投入较多的笔墨。

1.3.2　深度强化学习的实现

后续在本书中，将以 C 语言编写程序代码来说明强化学习和深度学习的原理。本书的整体说明流程如图 1.23 所示。在第 2 章中，将对强化学习尤其是 Q 学习进行重点介绍。接

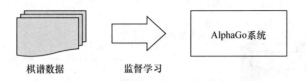

a) 第一阶段，以过去的对局棋谱为教师数据，进行监督学习

b) 第二阶段，通过一个AlphaGo程序与另一个AlphaGo程序之间的对局，进行深度强化学习

图1.22　应用深度强化学习的围棋 AI 棋手的学习过程（AlphaGo）

着在第 3 章中，将重点介绍神经网络的学习方法以及在其基础上扩展出来的卷积神经网络。最后在第 4 章中，我们将重点介绍前面两者结合而成的深度强化学习的构成方法。

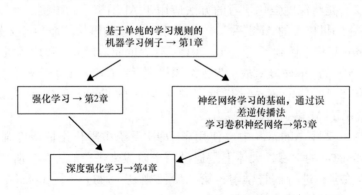

图1.23　深度强化学习的实现过程

1.3.3　基本机器学习系统的搭建实例——例题程序的执行方法

　　在介绍强化学习和深度学习的程序例子之前，我们先来介绍一个学习规则较为简单的机器学习的例子，通过这个例子我们可以预先更好地理解本书例题程序的运行环境和执行方法。接下来列举的例子可以说是强化学习和深度强化学习的原型，是基于经验的简单的机器学习系统的例子。

关于基本的机器学习系统的例子，请先来考虑下面的例题。

> **例题**
>
> 　　创建一个反复进行一对一的"剪刀石头布"的猜拳程序，文件命名为 j.c。要求在反复对战的过程中，根据对手出拳习惯来相应地改变自己的出拳策略，通过不断学习的功能，使得程序变得越来越强大。另外，需要注意的是，对手表面上是随机出拳的，实际上，每个人出拳都带着某种倾向性。

这个猜拳程序的执行如执行例 1.1 所示。在执行例 1.1 中，对于 j.c 这个名称的程序，不同出拳（石头、剪刀、布）分别用如下数字表示：

石头：0

剪刀：1

布：2

在执行例 1.1 中，j.c 程序的对手只出"石头"，也就是程序的输入只有 0。这是对手出拳偏好中最极端的一种情况。对于这样的一个对手，学习程序 j.c，在对战开始的时候是以差不多的概率去出"石头""剪刀""布"，但是随着对战的进行，程序会不断地学习对手的出拳偏好，渐渐地，直到后面一直出能够战胜"石头"的"布"。

执行例 1.1　剪刀石头布学习程序 j.c 的执行例子（1）：对手一直出"石头"的情况

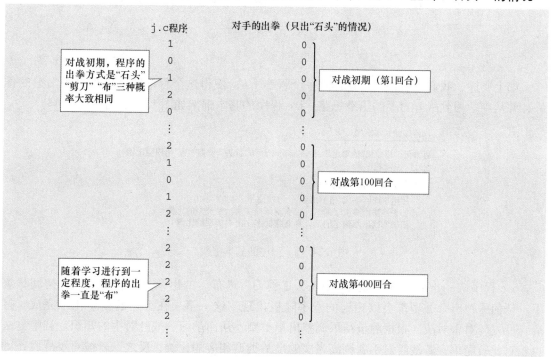

而在执行例 1.2 中，j.c 程序的对手出拳的策略调整为"石头"的出拳概率为"剪刀"和"布"出拳概率的两倍。也就是说，"石头""剪刀""布"的出拳比例是 2∶1∶1。在这种

情况下，学习程序 j.c 为了提高战胜对手的概率，学习出了要出"布"的知识。

执行例 1.2　剪刀石头布学习程序 j.c 的执行例子（2）：对手出"石头"的概率是"剪刀"和"布"的两倍的情况

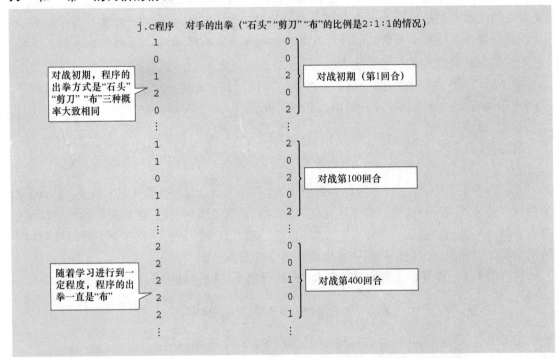

如上所述，我们试着编写出这样的一个程序 j.c，使得这个程序能够发现对手出拳的偏好，并从中学习到战胜对手的出拳思路。j.c 程序的基本框架如图 1.24 所示。

j.c程序的基本框架

初始化：初始化"猜拳出手"生成器，一开始"石头""剪刀""布"用相同比例
　　　　随机出拳

反复学习(以下为循环操作)：
　① 使用生成器生成"猜拳出手"，并决定下一次"猜拳出手"
　② 如果本次出拳赢了的话，那么就调高本次出拳类型的比例；
　　　如果本次出拳输了的话，那么降低本次出拳类型的比例

图 1.24　j.c 程序的基本框架

j.c 程序从一开始是随机选择"石头""剪刀""布"的出拳类型。因此，在初期状态下，任何一种出拳类型都会以相同的概率随机出现。这一事项在上述的初始化中完成。接着，反复与对手对战，根据胜负结果调整出拳类型，从而学习到战胜对手的知识。调整方法也相对比较简单，若战胜对手就调高当次的出拳类型相应的比例；反之，若被对手战胜，则降低当次的出拳类型相应的比例。通过这样的重复，学习对手的出拳偏好，获得战胜对手的战略知识。

接下来，我们来考虑上述算法的伪代码应该如何实现。首先，按如下步骤去编写"猜拳出手"生成器。在这里，需要准备好"石头""剪刀""布"的出拳类型所对应的比例，然后用随机数和那些值相乘得出的结果决定下一次的出拳类型（见图 1.25）。

猜拳出手生成器

① 准备好"石头""剪刀""布"的出拳类型所对应的比例
② 用frand()函数随机生成三个介于0~1之间实数随机数，分别与三种出拳类型所对应的比例相乘
③ 三个相乘结果中最大的数所对应的出拳类型，将作为下次的出拳类型

图 1.25　猜拳出手生成器

接下来，将上述生成器的算法用 C 语言进行编程。其中队列 double rate[ ] 是用来保存"石头""剪刀""布"的出拳类型所对应的比例。

```
double gu,cyoki,pa ;/*出拳的对应值*/

gu=rate[GU]*frand() ;
cyoki=rate[CYOKI]*frand() ;
pa=rate[PA]*frand() ;
/*求出gu,cyoki,pa中的最大值，作为下一次的出拳类型*/
```

按这样的方式出拳，然后与对手定胜负之后，再对"石头""剪刀""布"的出拳类型所对应的比例 double rate[ ] 的数值进行调整。接下来程序可以按如图 1.26 所示方式去编写。

调整各出拳类型的比例

① 用自己的当次出拳类型myhand和对手的出拳类型ohand相比较，确定胜负结果保存为gain
② 基于gain和学习系数ALPHA对出拳比例rate[myhand]的值进行调整

图 1.26　调整各出拳类型的比例

上面的胜负结果 gain 可以这样取值，如果获胜取值 1，如果失败取值 -1，如果打平就取值 0。接着，用 gain 和学习系数 ALPHA 进行相乘运算，所得的结果与出拳比例 rate[myhand] 相加，从而实现了对出拳比例的调整。

在这里，学习系数 ALPHA 是用来决定学习精度的定量。学习系数 ALPHA 的值越大，学习就会越快地进行，但同时学习成果会很容易被每次的胜负结果所左右。学习系数 ALPHA 越小，学习的速度就会变慢。因此，学习系数 ALPHA 的取值有必要通过实验确定。

图 1.26 的伪代码可以用 C 语言编写如下：

```
gain=payoffmatrix[myhand][ohand] ;/*胜负判断*/
rate[myhand]+=gain*ALPHA*rate[myhand] ;/*学习出拳比例*/
```

同时，定义一个二元数组 payoffmatrix [ ][ ] 如下：

```
int payoffmatrix[3][3]={{DRAW,WIN,LOSE},
                        {LOSE,DRAW,WIN},
                        {WIN,LOSE,DRAW}} ;
```

其中，WIN、LOSE 和 DRAW 分别是如下常量：

```
#define WIN 1 /*胜*/
#define LOSE -1 /*负*/
#define DRAW 0 /*平*/
```

payoffmatrix［］［］数组中，分别用我方出拳 myhand 和对手出拳 ohand 赋值，就可以得到胜负结果。例如，出拳为"石头"即 0，出拳为"剪刀"即 1，那么

```
payoffmatrix[GU][CYOKI]→payoffmatrix[0][1]→WIN
```

结果为我方胜利。

总结下来，我们可以将图 1.24 所示的 j.c 程序框架用 C 语言实现出来。如下所示，程序清单 1.1 为 j.c 的 C 语言程序。

■ 程序清单 1.1　j.c 程序源代码

```
 1:/******************************************/
 2:/*           j.c                          */
 3:/*  通过猜拳的经验进行学习                 */
 4:/*  使用方法                               */
 5:/*C:\Users\odaka\ch1>j < text.txt         */
 6:/* text.txt为对手出拳描述文件              */
 7:/* 0:石头  1:剪刀  2:布                    */
 8:/******************************************/
 9:
10:/*Visual Studio兼容性*/
11:#define _CRT_SECURE_NO_WARNINGS
12:
13:/*头文件的include*/
14:#include <stdio.h>
15:#include <stdlib.h>
16:
17:/* 常量定义                    */
18:#define SEED 65535      /*随机数的SEED*/
19:#define GU 0  /*石头*/
20:#define CYOKI 1  /*剪刀*/
21:#define PA 2 /*布*/
22:#define WIN 1 /*胜*/
23:#define LOSE -1 /*负*/
24:#define DRAW 0 /*平*/
25:#define ALPHA  0.01  /*学习系数*/
26:
```

```
27:/* 函数声明*/
28:int hand(double rate[]) ;/*随机数和其他参数一起确定出拳*/
29:double frand(void) ;/* 0~1的随机实数*/
30:
31:/****************/
32:/*  main()函数*/
33:/****************/
34:int main()
35:{
36: int n=0 ;/*对战次数的计数器*/
37: int myhand,ohand ;/*自己的出拳和对手的出拳*/
38: double rate[3]={1,1,1} ;/*出拳比例*/
39: int gain ;/*胜负结果      */
40: int payoffmatrix[3][3]={{DRAW,WIN,LOSE},
41:                        {LOSE,DRAW,WIN},
42:                        {WIN,LOSE,DRAW}} ;
43:          /*胜负矩阵*/
44:
45: /*对战和学习循环*/
46: while(scanf("%d",&ohand)!=EOF){
47:  if((ohand<GU)||(ohand>PA)) continue ;/*出拳不合法*/
48:  myhand=hand(rate) ;/*按照出拳比例进行出拳*/
49:  gain=payoffmatrix[myhand][ohand] ;/*胜负判断*/
50:  printf("%d %d %d   ",myhand,ohand,gain) ;/*输出结果*/
51:  rate[myhand]+=gain*ALPHA*rate[myhand] ;/*学习出拳比例*/
52:  printf("%lf %lf  %lf\n",
53:    rate[GU],rate[CYOKI],rate[PA]) ;/*出拳比例输出*/
54: }
55:
56: return 0;
57:}
58:
59:/******************************/
60:/*  hand()函数                */
61:/*随机数和其他参数一起确定出拳        */
62:/******************************/
63:int hand(double rate[])
64:{
65: double gu,cyoki,pa ;/*出拳的对应值*/
66:
67: gu=rate[GU]*frand() ;
68: cyoki=rate[CYOKI]*frand() ;
69: pa=rate[PA]*frand() ;
```

```
70:
71: if(gu>cyoki){
72:  if(gu>pa) return GU ;/*gu大*/
73:   else      return PA ;/*pa大*/
74: }else {
75:  if(cyoki>pa) return CYOKI ;/*cyoki大*/
76:   else         return PA ;/*pa大*/
77: }
78:}
79:
80:/******************/
81:/* frand()函数     */
82:/* 0～1的随机实数    */
83:/******************/
84:double frand(void)
85:{
86: return (double)rand()/RAND_MAX ;
87:}
```

为了执行 j.c 程序，需要用到如 gcc 等编译器环境，或者是 Visual Studio 等综合开发环境。若用 gcc 的方式执行程序代码，执行例子如执行例 1.3 所示。在执行例 1.3 中，采用了 MinGW$^{\ominus}$ 系统，用 Windows 的命令行进行编译和执行。在 MinGW 中，可以使用 gcc 编译器。

执行例 1.3　j.c 的程序执行例子（用 MinGW 的 gcc 进行编译的执行例子）：下划线部分由键盘进行输入

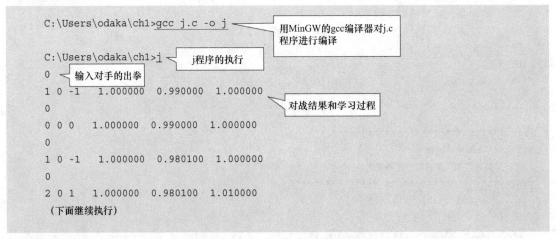

在执行例 1.3 中，首先使用 gcc 编译器对 j.c 程序文件进行编译。编译后，运行该程序，从标准的输入开始不断地等待新的输入。输入 0、1 和 2 的整数值分别代表"石头""剪刀"

⊖　MinGW 可以在 http：//www.mingw.org 中下载。——原书注

"布"。针对不同的输入，j. c 程序的输出如图 1.27 所示。

如图 1.27 所示，j. c 的输出结果由以下几部分组成：j. c 的出拳类型、对手的出拳类型、胜负结果，以及 j. c 程序本轮选择出拳类型时的各出拳类型的比例值。

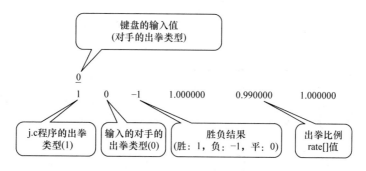

图 1.27　j. c 程序的输出

图 1.28 是 j. c 程序的学习例子的变化曲线。在图 1.28 中，我们可以看到在对手的出拳类型"石头""剪刀""布"的比例是 2∶1∶1 的情况下，j. c 程序中出拳比例 rate[ ] 值的变化趋势。不难发现，随着对战的进行，决定选择出"布"的概率，也就是相应的 rate［PA］的值在逐渐变大。

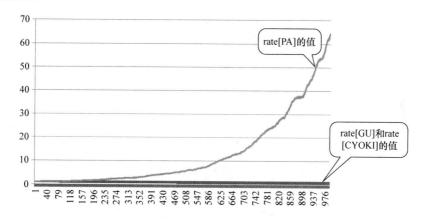

图 1.28　j. c 程序的学习例子（对手的出拳类型"石头""剪刀""布"的比例是 2∶1∶1 的情况下）

接下来，对于 j. c 程序的对手出拳类型选择，我们也在一定比例前提下随机生成。为此，我们编写一个生成对手出拳类型选择的程序。程序清单 1.2 中，我们来展现一下如何在一定的比例前提下，随机出现三个出拳类型的程序源代码 randhandgen. c。

■ **程序清单 1.2　j. c 程序对手的出拳生成器 randhandgen. c 程序源代码**

```
 1:/************************************************/
 2:/*           randhandgen.c                      */
 3:/*   生成1000次有偏好的出拳                       */
 4:/*   使用方法                                     */
 5:/*C:\Users\odaka\ch1>randhandgen 1 1 1 >text.txt */
 6:/* text.txt为输出保存文件                         */
 7:/* 0:石头   1:剪刀   2:布                         */
 8:/************************************************/
 9:
10:/*Visual Studio兼容性*/
11:#define _CRT_SECURE_NO_WARNINGS
12:
13:/*头文件的include*/
14:#include <stdio.h>
15:#include <stdlib.h>
16:
17:/* 常量定义 */
18:#define SEED   65535     /*随机数的SEED*/
19:#define LASTNO  1000     /*生成次数*/
20:#define GU 0   /*石头*/
21:#define CYOKI 1  /*剪刀*/
22:#define PA 2  /*布*/
23:
24:/* 函数声明 */
25:int hand(double rate[])  ;/*随机数和其他参数一起确定出拳*/
26:double frand(void) ;/* 0～1的随机实数*/
27:
28:/***************/
29:/*  main()函数  */
30:/***************/
31:int main(int argc,char *argv[])
32:{
33: int n ;/*对战次数的计数器*/
34: double rate[3] ;/*出拳比例*/
35:
36: /*随机数初始化*/
37: srand(SEED) ;
38:
39: /*设定出拳比例*/
40: if(argc<4){/*生成比例不合法 */
41:  fprintf(stderr,"使用方法 randhandgen (石头的比例)(剪刀的比例)(布的比例)\n");
42:  exit(1) ;
43: }
```

```
44: rate[GU]=atof(argv[1]) ;/*石头的比例*/
45: rate[CYOKI]=atof(argv[2]) ;/*剪刀的比例*/
46: rate[PA]=atof(argv[3]) ;/*布的比例*/
47:
48: /*循环输出*/
49: for(n=0;n<LASTNO;++n){
50: printf("%d\n",hand(rate)) ;
51: }
52: return 0;
53:}
54:
55:/*******************************/
56:/*   hand()函数                */
57:/*随机数和其他参数一起确定出拳   */
58:/*******************************/
59:int hand(double rate[])
60:{
61: double gu,cyoki,pa ;/*出拳的对应值*/
62:
63: gu=rate[GU]*frand() ;
64: cyoki=rate[CYOKI]*frand() ;
65: pa=rate[PA]*frand() ;
66:
67: if(gu>cyoki){
68:  if(gu>pa) return GU ;/*gu大*/
69:   else     return PA ;/*pa大*/
70: }else {
71:  if(cyoki>pa) return CYOKI ;/*cyoki大*/
72:   else        return PA ;/*pa大*/
73: }
74:}
75:
76:/*******************/
77:/* frand()函数     */
78:/* 0~1的随机实数    */
79:/*******************/
80:double frand(void)
81:{
82: return (double)rand()/RAND_MAX ;
83:}
```

在执行例 1.4 中，我们展示了 randhandgen.c 程序的执行例子。在执行例子中，出拳类型"石头""剪刀""布"的比例是按照 2∶1∶1 的比例进行随机生成的。

执行例 **1.4** **randhandgen.** c 程序的执行例子（"石头""剪刀""布"按 **2:1:1** 的比例生成）

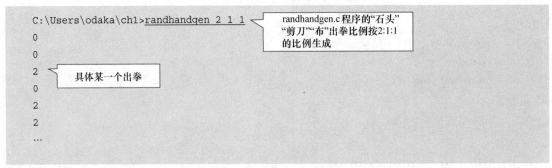

randhandgen. c 程序生成的出拳类型选择怎么传递给 j. c 程序呢？我们可以选择管道传输或者通过文件传输的方式。如果选择文件传输方式，可以暂时将 randhandgen. c 程序的输出存储在文本文件中，并将该文件作为 j. c 程序的输入。我们通过执行例 1.5 来介绍。

执行例 **1.5** 以文件为中介，将 **randhandgen.** c 程序生成的输出传递给 **j.** c 程序的步骤

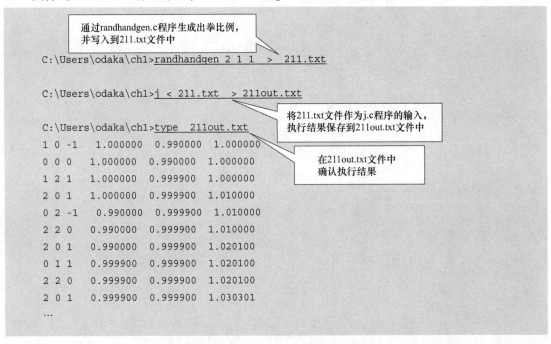

第 2 章

强化学习的实例

为了能够为后面更好地理解"深度强化学习",我们需要先学习强化学习的机制。强化学习的实现方法有很多,在这里我们重点介绍 Q 学习。Q 学习是强化学习中应用最为广泛的方法之一。

2.1　强化学习和 Q 学习

在本节中，我们将重点介绍强化学习，特别是 Q 学习的基本思想，讨论 Q 学习的编码实现方法。首先第一步，通过扩展第 1 章的例题来介绍 Q 学习的基本思想；接着第二步，在理解基本思想的基础上，考虑如何编程实现 Q 学习的算法。

2.1.1　强化学习的基本思想

在第 1 章中，我们介绍了基于经验学习猜拳的出拳策略的程序 j. c。j. c 程序是在不断地与对手对战并决定下一次出拳策略中，通过每一次对战的胜负结果来推进学习进程的。

若从强化学习的视角来重新审视这件事，我们可以用图 2.1 来描述。在图 2.1 中，学习系统指的是之前例子中的 j. c 程序。学习系统是通过对周边环境和自身状态的探索，来选择与环境和状态相对应的行动。这一点是与 j. c 程序选择出拳策略相对应的。

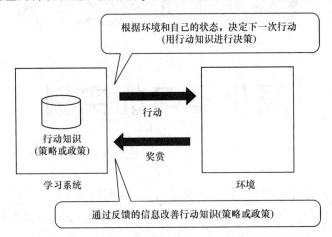

图 2.1　基于行动及奖赏的学习——强化学习的框架

学习系统发起行动后，环境会对其行动做出反应，并给予反馈。这个反馈很多时候表现为，环境对某种行动的"评价信息"。回到刚刚猜拳的例子，在出拳并确定输赢之后，系统可以得到自己是赢或输的"评价信息"。在强化学习中，这样的评价结果被称为奖赏（reward）。

这里的奖赏有正负之分，即正奖赏和负奖赏。以 j. c 程序的例子来说，如果选择了战胜对方的行动，就会收到正奖赏，如果输了就会收到负奖赏。负奖赏这个词在我们的日常用语中是不使用的，也可以理解为惩罚。另外，在 j. c 程序的例子中还有一种奖赏，即若双方打成平手，奖赏为 0。

在一段连续的工作完成之后，所得到的奖赏的合计值，我们称为收益（value）。在强化学习系统中，所有学习的根本目的是"收益最大化"。在 j. c 程序的例子中，学习系统从与环境中的对手的一次次猜拳中学习并优化取胜策略，这将最终导致奖赏之和越来越大，也就是收益越来越大。

图 2.1 中的学习系统是通过在学习系统自身与外部环境相互作用中获取结果来开展学习的。在学习系统内部，包含了决定在某种状态下采取怎样的应对策略的行动知识。而这里所说的"行动知识"在强化学习领域中，被称为策略或政策（policy）。图 2.1 所示的学习系统就是在这样的机制中进行工作的：学习系统一旦发起行动，就可以从环境中取得相应的奖赏，拿到奖赏之后可以用于改善行动知识。图 2.2 中，我们以简单的流程图来理解上述过程。

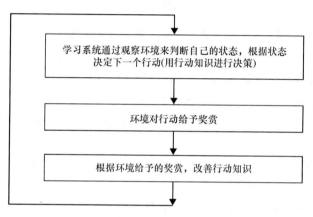

图 2.2　强化学习的学习步骤

从图 2.2 中我们可以理解到，使用行动知识来进行行动决策时，学习系统会在观察环境和了解自身状态的基础上，根据某种判断标准选择下一个行动的策略。比较普遍的判断的方法是，对在某个状态下所采取的行动进行评分的基础上，选择评分较高的行动。

在这里，某个在状态 s 中采取的行动 a 所对应的评分值为 Q，那么它们的关系如下所示：

$$Q(s, a)$$

如果能适当地求出评分值 Q，那么我们只需找出一个适合的行动 a 使得 Q 的值为最大值，这样就可以确定最优的行动策略。

例如，在某个状态 s_t 中，假设可供选择的行动有 4 种，分别为 a_{t1}、a_{t2}、a_{t3}、a_{t4}，以某种方法求出与之对应的 Q 值。从这些 Q 值中找出最大值，那么与所选择的 Q 值相对应的行动策略就是下一次最优的行动策略。

如图 2.3 所示，每个行动求出对应的 Q 值，假如其中 Q 值的最大值为 $Q(s_t, a_{t3})$，那么 $Q(s_t, a_{t3})$ 对应的行动 a_{t3} 就是最优行动。

我们需要解决的下一个问题是如何求出 Q 值。如果某一状态行动的最大 Q 值确定了，那么下一个行动也就确定了。换句话说，找到最大 Q 值等同于找到了最优行动。因此，强化学习的基本原理就是，基于环境给予的奖赏，分阶段地学习 Q 值。

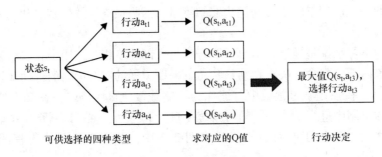

图 2.3　根据 Q 值选择行动

首先，要考虑最简单的情况下的学习方法。最简单的情况是，某个行动执行之后立即收到奖赏的情况。

回到刚刚猜拳的学习程序 j.c 的情况，我们知道猜拳行动是立即可以得到奖赏的，在这种情况下，学习和行动知识的改善相对来说比较容易。简单来说就是，行动，然后得到奖赏，再通过奖赏改善行动知识，继续推进学习。强化学习中所谓的行动知识改进的过程，本质上是 Q 值的修正的过程。

在某个状态 s 中的行动 a 的 Q 值 Q(s, a)，要根据奖赏 r 进行修正和改善，我们可以用式（2.1）来表示。

$$Q(s, a) \leftarrow Q(s, a) + \alpha r \tag{2.1}$$

式中，α 是学习系数，学习系数是决定学习速度的常数。

从式（2.1）可以看出，奖赏 r 的值为正就意味着 Q（s，a）值会增加，反之，奖赏 r 的值为负就意味着 Q（s，a）值会减少。这与猜拳程序 j.c 在道理上是一样的。

通过反复行动并相应地修正式（2.1）的值，进行 Q 值学习。需要注意的是，如果反复学习并持续地使用式（2.1），那么 Q 值会越来越大，最终，Q 值会朝着无穷大发散。如何避免 Q 值过大的发散，我们可以在后面考虑改善方法。

立即获得奖赏的情况比较简单，那么，假如行动的奖赏会延迟，情况就稍微复杂了，这种情况该怎样处理呢？前面描述的机器人的双足行走问题和日本象棋对弈问题，就属于奖赏会延迟的情况，这种问题也是强化学习的处理对象。与前面的例子相比，我们就会发现这种情况的学习更加复杂。

打个比方，我们来一起思考图 2.4 所示的情况。图 2.4 是一个非常简单化的"无法立即获得奖赏"的例子。从左到右的路线转化中，一个方向的路会分裂成为两个方向的岔路。学习程序被放置在最初的开始位置的状态 0 上，选择岔路的某一个方向前进。若最终到达状态 6，则可以得到奖赏；若最终没有到达状态 6 而是到达状态 3、状态 4 和状态 5，则无法得到奖赏。不管怎样，到达了状态 3、状态 4 和状态 5 中的任意一个状态，那么还得回到开始的状态 0。

如果事先以某种方式对问题提供应对知识，并且用适当的方式设定 Q 值，只要方法得

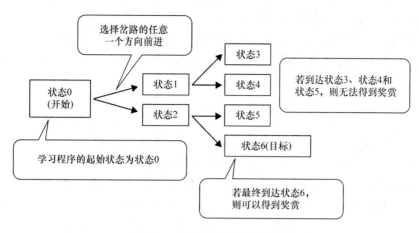

图 2.4　单纯的强化学习的例子

当，学习程序是可以摸索直至到达终点的。首先，就这个情况下，我们继续考虑如何进行行动选择（见图 2.5）。

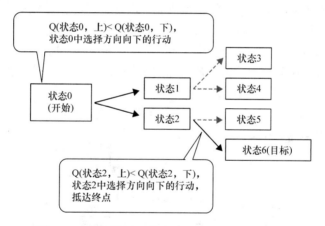

图 2.5　适当地设置 Q 值后基于 Q 值进行行动选择

我们使用以下的标记表示 Q 值。比如，以状态 0 向上前进的行动对应的 Q 值表示为

Q（状态 0，上）

再比如，状态 2 向下前进的行动对应的 Q 值表示为

Q（状态 2，下）

首先，我们从出发点开始考虑如何选择行动。从状态 0 开始有两个方向的分岔道路，向上可前进到状态 1，向下可前进到状态 2。在这里，如果能够求出两种前进方向各自对应的 Q 值并且 Q 值预先设定适当，那么向下指向状态 2 的行动的 Q 值应该是偏大的。也就是说，下面的不等式

Q（状态 0，上）＜ Q（状态 0，下）

应该成立。从而，应该选择状态 0 的向下的行动。

接着，我们来考虑状态 2 的后续行动如何选择。在这里也是同样的道理，如果能够求出两种前进方向各自对应的 Q 值并对其进行恰当的赋值，那么朝下方向指向状态 6 的行动的 Q 值应该是偏大的。也就是说，下面的不等式

$$Q(状态 2，上) < Q(状态 2，下)$$

应该成立。从而，应该选择状态 2 的向下的行动，并到达目标终点。

然而，上述的讨论有一个前提是，事先以某种方式对问题提供应对知识。这样可以更适当地设定 Q 值，从而使得学习程序任何时候都可以摸索直至到达终点的。接下来，在图 2.4 的情况下，我们回过头来考虑"事先以某种方式对问题提供应对知识"这一前提如果不存在的状态下，该如何获得到达终点所需的行动知识呢？在这种情况下，就不得不通过反复行动从环境中得到奖赏，从而改善行动知识了。这是强化学习的基本学习方法。

为了能反复行动而得到知识，不管结果顺利与否都必须要展开行动。但是，为了后面能够正确地选择行动，必须对某一行动对应的 Q 值进行赋值。为此，在重复行动开始之前，需要给 Q 值设置一个适当的初始值。

在没有前提知识的情况下，Q 值的初始值无法确定。因此，在初始状态下，先随机设置 Q 值。因此，在初始状态下，学习系统的第一次行动是随机进行的。

行动开始之后，假如在某一次行动中，偶然地从状态 2 移到下方向，从而到达状态 6 的终点，则学习系统可以从环境中获得奖赏 r。根据式（2.1），状态 2 到状态 6 的行为所对应的 Q 值应该增加。这个计算可以表示如下：

$$Q(状态 2，下) \quad \leftarrow \quad Q(状态 2，下) + \alpha r$$

上述过程，可以用图 2.6 来表示。

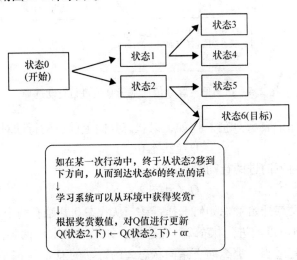

图 2.6 有奖赏的情况的 Q 值更新方法（从状态 2 到状态 6 移动的情况）

　　接下来，要考虑没有得到奖赏的情况。除了到达终点的图 2.6 以外，其他所有的情况都是没有奖赏的情况。

　　举个例子，我们来考虑开始的状态 0 中后续行动如何学习。在状态 0 中，为了到达终点就需要选择朝着状态 2 的行动，换句话说就是选择向下的行动。因此需要先学习到"若选择向下的行动，其对应的 Q 值会增加"的规律。

　　我们来考虑一下，向下到达状态 2 的情况。在这种情况下，往前下一步有可能到达目标状态 6。假如选择从状态 2 走到状态 6 的行动，如图 2.6 所示，可以得到奖赏。可想而知，根据图 2.6 的 Q 值的更新公式所示，随着反复试行，从状态 2 到状态 6 的行动对应的 Q 值将慢慢地变大。因此，从状态 0 到状态 2，可以使用 Q（状态 2，下）去反推增加从状态 0 到状态 2 的 Q 值 Q（状态 0，下）（见图 2.7）。

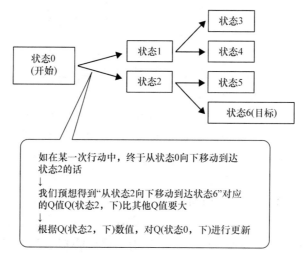

图 2.7　状态 0（开始状态）中向下移动到状态 2 的情况的 Q 值更新方法

　　在图 2.7 中，我们将 Q 值的更新方法扩展到所有一般情况，假如某一行动没有得到奖赏，那么可以使用之前所采取的所有行动的最大 Q 值对 Q 值进行更新（见图 2.8）。这就是 Q 学习的基本学习方法。

　　按图 2.8 的更新步骤反复试行，如图 2.9 所示，在通往目标状态 6 的道路上的 Q 值渐渐增加。

　　在图 2.9 中，如果选择了能够通往目的地的行动，则其相应的 Q

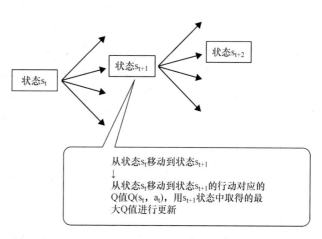

图 2.8　通用的 Q 值更新步骤

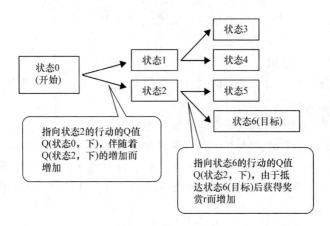

图 2.9　通过不断的试行循环进行 Q 值学习

值就会增加；如果选择了其他的行动，则其相应的 Q 值不增加。相应地，如式（2.2）所示，Q 值的更新式做了相应的调整，式（2.2）是在式（2.1）的基础之上，增加了得不到奖赏的情况下 Q 值的更新方式。

$$Q(s,a) \leftarrow Q(s,a) + \alpha(r + \gamma maxQ(s_{next}, a_{next}) - Q(s,a)) \qquad (2.2)$$

式中，s 表示状态；a 表示状态 s 中选择的行动；α 表示学习系数（0.1）；r 表示行动得到的奖赏（如果不得到奖赏则为 0）；γ 表示比例系数（0.9）；maxQ（s_{next}，a_{next}）表示在下一个状态中行动所取得的 Q 值中的最大值。

　　式（2.2）箭头右侧的多项式的前面两项，也就是

$$Q(s, a) + \alpha r$$

与式（2.1）是相同的。在这个值中，为了避免前面提到的 Q 值发散的问题，我们加了一个减法项，得到奖赏的情况下 Q 值的更新式为

$$Q(s, a) \leftarrow Q(s, a) + \alpha(r - Q(s, a)) \qquad (2.3)$$

　　式（2.2）的剩余部分是与没有得到奖赏时 Q 值的更新方法相对应的。式（2.2）中，如果奖赏为 0，式（2.2）则变成如下的形式。这是没有得到奖赏的情况下 Q 值的更新式。

$$Q(s,a) \leftarrow Q(s,a) + \alpha(\gamma maxQ(s_{next}, a_{next}) - Q(s,a)) \qquad (2.4)$$

　　在式（2.4）中，为了避免 Q 值发散的问题，在引入适当的比例系数 γ 的同时，在现有 Q 值的基础上减去了 Q（s，a）与学习系数 α 的相乘结果。

2.1.2　Q 学习的算法

　　到目前为止，我们学习的 Q 学习算法可以总结为图 2.10。

　　在图 2.10 中，在行动循环开始之前，需要对 Q 值的数值进行初始化。一般来说，Q 值的初始值为随机数。

　　接着，如图 2.10 所示，行动继续进行循环的过程中，Q 值也得到了学习。在各个步骤

```
初始化
使用随机数等，对所有的Q值进行初始化
```

```
学习按如下步骤(1)～(6)循环进行，满足结束条件则退出循环：
(1) 返回到行动的初始状态
(2) 根据Q值选择进入下一状态的行动
(3) 根据式(2.2)更新Q值
(4) 根据选择的行动转移到下一个状态
(5) 如达到目标状态或到达行动次数上限值，返回步骤(1)
(6) 返回步骤(2)
```

图 2.10　Q 学习的算法

中，步骤（1）对行动的初始状态中的学习程序进行了设定，步骤（2）通过使用 Q 值来进行行动选择。之后步骤（3）更新了 Q 值，到达终点或到达某个预先指定的最后一轮行动的，行动选择后返回步骤（1），重新开始循环。反之，如果不是到达终点或者达某个预先指定的最后一轮行动的，就回到步骤（2）中选择下一个行动。

那么接下来，根据以上的算法步骤，我们来考虑如何对图 2.4 的例子进行程序实现。首先，我们将参考图 2.10 的算法，依次考虑 C 语言的程序应该如何实现；然后，我们将在下一节进行完整的程序实现。

首先，我们来考虑数据的表现形式。在强化学习中，不可或缺的数据包括状态 s、行动 a，以及 Q 值 Q（s，a）等。这些数据定义如下：

```
int s;/*状态*/
int a;/*行动*/
double qvalue[STATENO][ACTIONNO] ;/*Q值*/
```

同时，我们用 STATENO 和 ACTIONNO 两个常量分别表示问题中包含的状态数和在各个状态中可选的行动种类数。

在图 2.4 的例子中，状态的数量是从状态 0 到状态 6，一共有 7 个。各个状态下可以选择的行动的种类数是上或下的两类（见图 2.11）。

使用这些变量，来开始图 2.10 的算法的实现。首先，我们来考虑图 2.10 中的初始化的问题。在初始化步骤中，我们先往 Q 值保存的数组 qvalue［］［］中放入适当的随机数，如下所示。

```
/*Q值的初始化*/
for(i=0;i<STATENO;++i)
 for(j=0;j<ACTIONNO;++j)
  qvalue[i][j]=frand() ;
```

这里，frand（）函数返回 0 ~ 1 范围的实数随机数。

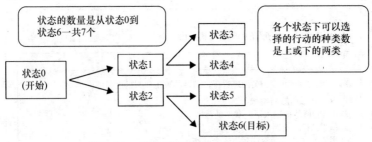

图 2.11　常量 STATENO 和 ACTIONNO

　　在初始化之后，我们接着来考虑如何实现从步骤（1）到步骤（6）的 6 个步骤的学习循环。首先，在学习循环的步骤（1），也就是"（1）返回到行动的初始状态"中，可以简单地将状态 s 设置为 0，也就是开始状态。

```
s=0; /*返回行动的初始状态 */
```

　　接着，我们来考虑步骤（2），也就是"（2）根据 Q 值选择进入下一状态的行动"的步骤。这个处理就是，从状态 s 可选的行动中，根据 Q 值进行行动选择，并将其结果保存于变量 a 中。
　　在这里，负责行动选择的函数就是 selecta（）函数。
　　selecta（）函数的输入参数是状态 s 和 Q 值的 qvalue [ ][ ]，返回值是行动。调用 selecta（）函数，步骤（2）实现如下：

```
/*行动选择*/
a=selecta(s,qvalue) ;
```

　　另外，关于 selecta（）函数的内容，我们将在后文讨论。
　　步骤（3）是"（3）根据式（2.2）更新 Q 值"的操作。此步操作主要是通过使用 updateq（）函数来进行 Q 值更新，描述如下。updateq（）函数的输入参数是当前状态 s、状态 s 中选择的行动 a、行动 a 转移到的下一个状态 snext，以及 Q 值 qvalue [ ][ ]，返回值是状态 snext 中的最大 Q 值。关于 updateq（）函数的内容，我们将在后文讨论。

```
/*Q值更新 */
qvalue[s][a]=updateq(s,snext,a,qvalue) ;
```

　　步骤（4）的"（4）根据选择的行动转移到下一个状态"，是通过使用 nexts（）函数实现从状态 s 转移到下一个状态的。nexts（）函数的输入参数是当前状态 s、状态 s 中选择的行动 a，返回值是下一个状态 snext。关于 nexts（）函数的内容，我们将在后文讨论。

```
snext=nexts(s,a) ;
/*根据选择的行动a转移到下一个状态snext */
s=snext ;
```

　　最后，步骤（5）和步骤（6）的作用是对步骤（1）～（4）进行适当的循环控制。以上，Q 学习的基本处理流程就完成了。
　　接下来，我们来一一讨论上述这些函数的内容。这些函数的清单，用表 2.1 进行汇总。

表 2.1　Q 学习编程中的函数一览表

函数名称	处理内容	函数的输入参数	函数的返回值
selecta( ) 函数	状态 s 中进行下一个行动选择	① 状态 s ② Q 值 qvalue[ ][ ]	行动 a 的值
set_a_by_q( ) 函数	求出 Q 值最大值	① 状态 s ② Q 值 qvalue[ ][ ]	行动 a 的值
updateq( ) 函数	行动选择之后，更新 Q 值	① 现在的状态 s ② 状态 s 所选的行动 a ③ 根据行动 a 的结果转移至的状态 snext ④ Q 值 qvalue[ ][ ]	状态 snext 中的最大 Q 值
nexts( ) 函数	从现在的状态转移到下一个状态	① 现在的状态 s ② 状态 s 所选的行动 a	下一个状态
frand( ) 函数	生成 0～1 范围的实数随机数	无	0～1 范围的实数随机数

　　首先，我们来讨论行动选择函数 selecta( ) 的内部结构。行动选择的基本思路是，首先找到与每一个可选行动相对应的 Q 值；然后，选择其中最大 Q 值所对应的行动。回到图 2.4 的例子，在状态 s 中可执行的行动中，存在两种可能性：向上方向的行动和向下方向的行动。因此，将这些行动进行比较，选择 Q 值最大的行动作为下一个行动（见图 2.12）。

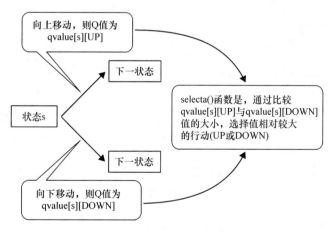

图 2.12　图 2.4 的例题中 selecta（ ）函数的基本动作

　　如果用图 2.12 所示的方法进行选择行动，那么在某个状态 s 中必定会有某一个行动 a 被选择。这种方式，对于下一个状态就是目标状态的情况来说是足够的，但是，如果下一个状态还不是目标状态，则还需要进一步考虑。

　　那么，我们来试着考虑一下学习的初始化状态。在初始化状态下，Q 值以随机数进行初始化。例如，如图 2.13 所示，根据随机数的初始化结果，假如 Q（状态 0，上）的初始值比 Q（状态 0，下）的初始值大，在这种情况下，根据 Q 值的大小决定下一个行动，那就一定要从状态 0 到状态 1。但是，能够得到奖赏的目标状态是状态 6，为了进入状态 6，必须从状态 0 进入状态 2。结果，在图 2.13 的情况下，如果只以 Q 值的大小来选择行动，即便进行了多次学习，也未必能够到达终点并获得奖赏。

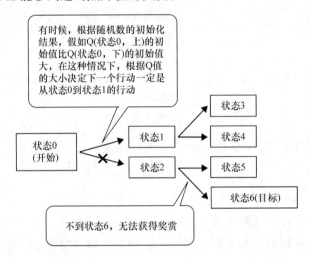

图 2.13　初始设定的状态下，没有获得奖赏的情况的例子

为了解决这个问题，引入了 ε- Greedy 算法（或称 Epsilon- Greedy 算法）。所谓 ε- Greedy 算法，就是在行动决定的过程中，将按概率行动和按 Q 值大小行动两种方式相结合的一种行动决定算法，即保持以某个概率 ε 进行随机行动，若在此概率之外［即（100% – ε）］，则根据 Q 值的大小决定行动的算法（见图 2.14）。这样做的好处是，在某种概率中不根据 Q 值进行随机行动，也就是不管是 Q 值的初始状态如何，都不会左右行动的选择，这样一来就保证了一部分学习不依赖于 Q 值的初始状态，从而保证了行动选择的多样性。

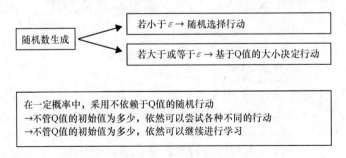

图 2.14　根据 ε- Greedy 算法进行行动选择

ε- Greedy 算法的 C 语言表述方法参考如下：

```
/* 根据ε-Greedy算法进行行动 */
if(frand()<EPSILON){
 /* 随机行动 */
 a=rand0or1();
}
else{
 /* 按最大Q值行动 */
 a=set_a_by_q(s,qvalue) ;
}
```

在这里，frand( ) 函数的返回值是 0~1 范围内的实数随机数。符号常量 EPSILON 对应于图 2.14 的常量 ε。另外，求 Q 值最大值的方法由 set_a_by_q( ) 函数实现。set_a_by_q( ) 函数的实现如下所示，在可选的行动向上（UP）或向下（DOWN）进行 Q 值比较，根据大小选择向上或向下的行动。

```
/* 按最大Q值行动 */
if((qvalue[s][UP])>(qvalue[s][DOWN]))
 return UP ;
else return DOWN;
```

接下来，我们来考虑 Q 值更新函数 updateq( )。Q 值更新，主要考虑两种情况：一种是获得奖赏的情况；另外一种是没有获得奖赏的情况。

首先，我们来考虑一下获得奖赏的情况。在图 2.4 的例子中，当下一个状态 snext 是最终目的地时，可以获得奖赏。在这种情况下，可以依照式（2.3）对 Q 值进行更新。更新后的 Q 值保存在 qv 变量中，程序如下所示：

```
/* 更新Q值 */
if(snext==GOAL)/* 获得奖赏的情况 */
 qv=qvalue[s][a]+ALPHA*(REWARD-qvalue[s][a]) ;
```

其中，ALPHA 是学习系数；REWARD 是奖赏的值。

接下来，考虑没有获得奖赏的情况。在这种情况下，按照式（2.4）来更新 Q 值。式（2.4）中，影响 Q 值更新的两个主要考虑因素是：与现在的状态 s 相对应的 Q 值；下一个状态 snext 中的最大 Q 值。为了求得状态 snext 中的最大 Q 值，我们设计了一个供 selecta( ) 函数调用的子函数 set_a_by_q( )，代码如下所示：

```
else/* 没有获得奖赏的情况 */
 qv=qvalue[s][a]    +ALPHA*(GAMMA*qvalue[snext][set_a_by_q(snext,qvalue)]
-qvalue[s][a]) ;
```

开头的 else，与前面获得奖赏的情况相对应。而从现在的状态过渡到目标状态 snext 所对应的最大 Q 值，是代码中的以下部分：

```
qvalue[snext][set_a_by_q(snext,qvalue)]
```

其中，数组 qvalue[ ][ ] 是根据状态 s 和行动 a 的不同组合匹配不同 Q 值的数据结构。因此，上式的本质上是通过 set_a_by_q( ) 函数求得状态 snext 中的最大 Q 值对应的行动。

接着，我们来考虑从现在的状态转移到后续的状态的函数——nexts( ) 函数。当前情况下，这个处理相对来说还是比较简单的。在现在的状态 s 中，若选择向上移动，下一个状态可以表示为 $2s+1$。同理，若选择向下移动，则下一个状态是 $2s+2$。打个比方，若要采取对应向上移动的行动，只需把状态 s 对应的行动标示为 a，向上移动时 a 用 0 表示，向下移动时 a 用 1 表示，那么下一个状态的值可以通过以下算式计算得出：

$$s * 2 + 1 + a$$

其中，s 是现在的状态；a 是用 0 或 1 分别表示向上或向下移动的对应值。

例如，在图 2.15 中，现在的状态是状态 1。如果在状态 1 中向上移动，则将 $s = 1$ 和 $a = 0$ 分别代入上式，得

$$1 * 2 + 1 + 0 = 3$$

得出结果是 3，代表下一个状态为 3。同理，如果状态 1 中向下移动，

$$1 * 2 + 1 + 1 = 4$$

得出结果是 4，代表下一个状态为 4。

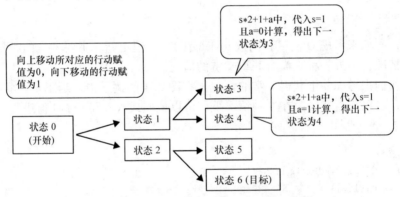

图 2.15　nexts ( ) 函数的计算方法

至此，通过以上方式，函数 nexts( ) 得以实现。

最后我们来看看 frand( ) 函数。我们知道，frand( ) 函数在第 1 章的 j. c 程序中也使用过，它的作用是生成 0 ~ 1 范围的实数随机数。

随机数在以上 Q 学习的过程中，主要有两个地方用到，一个是用随机数进行 Q 值的初始值设定，另外一个是在行动选择的 ε-Greedy 算法中使用。不管是哪个步骤，都要求随机数函数能够生成出没有倾向性的随机数。

如果 Q 值的随机初始值具有倾向性，后面就不能很好地进行学习。另外，如果在 ε-Greedy 算法中具有倾向性，则行动选择也会产生偏差，这也可能成为学习的障碍。因此，随机数函数必须生成出不带有倾向性的随机数。

很遗憾，在 C 语言的库中，并没有十分适合这种场景的随机数函数。C 语言自带的随机数函数是 rand( ) 函数，并不是一个真正意义的随机数函数。我们进行了一些实验发现，

rand( ) 函数的随机数的变化周期很短，生成的随机数在一定程度还存在倾向性。

由于上述问题的存在，我们改良了随机数的生成方法。rand( ) 函数在产生随机数前，需要系统提供的生成伪随机数序列的种子，rand( ) 根据这个种子的值产生一系列随机数。如果系统提供的随机数种子没有变化，每次调用 rand( ) 函数生成的伪随机数序列都是一样的。srand( ) 通过参数 SEED 改变系统提供的种子值，从而可以使得每次调用 rand( ) 函数生成的伪随机数序列不同，从而实现真正意义上的"随机"。

```
#define SEED 32767 /*随机数种子*/
```

```
srand(SEED);/*随机数初始化*/
```

之后，每次生成随机数的时候会调用 rand( ) 函数，并通过以下方式转换为 0~1 范围的值，作为随机数使用。

```
(double)rand()/RAND_MAX ;
```

其中，常量 RAND_MAX 是 rand( ) 函数的返回随机数序列中的最大值。

2.2　Q 学习实例

本节将介绍 Q 学习的程序实例。首先，给读者展示一下上一节中讨论的例题的对应程序 q21. c 程序。接着，我们在例题的基础上进行扩展，对扩大探索空间的问题进行深入讨论，并在此基础上编写与之对应的 q22. c 程序。

2.2.1　q21. c 编程实例

在前面，我们实现了"岔路选择问题"的 q21. c 程序。q2l. c 程序由图 2.16 所示的函数群构成。图 2.16 所示的各个函数，与表 2.1 所示的各个函数相对应。其中，图 2.16 中，我们省略了与随机数有关的函数 frand( ) 和 rand0or1( )。

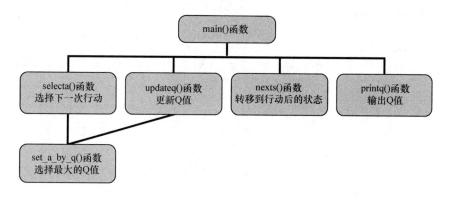

图 2.16　q21. c 程序模块构成图（暂不包含随机数函数 frand( )和 rand0or1( )）

q21. c 程序的源代码如程序清单 2.1 所示。

■ 程序清单 2.1　q21. c 程序源代码

```
1:/*****************************************/
2:/*          q21.c                        */
3:/*   强化学习(Q学习)的例程1               */
4:/*   简单情况下的例子                     */
5:/*使用方法                               */
6:/* C:\Users\odaka\ch2>q21                */
7:/*****************************************/
8:
9:/*Visual Studio兼容性 */
10:#define _CRT_SECURE_NO_WARNINGS
11:
12:/*头文件的include */
13:#include <stdio.h>
14:#include <stdlib.h>
15:
16:/* 常量定义 */
17:#define GENMAX 50 /*学习循环次数*/
18:#define STATENO  7   /*状态的数量 */
19:#define ACTIONNO 2  /*行动的数量 */
20:#define ALPHA 0.1/*学习系数 */
21:#define GAMMA 0.9/*折扣系数 */
22:#define EPSILON 0.3 /*行动选择的随机系数*/
23:#define SEED 32767 /*随机数种子*/
24:#define REWARD 10 /*目标达成的奖赏*/
25:
26:#define GOAL 6/*状态6为目标状态*/
27:#define UP 0/*向上的行动 */
28:#define DOWN 1/*向下的行动 */
29:#define LEVEL 2 /*分支深度 */
30:
31:/* 函数声明 */
32:int rand0or1() ;/*返回0或者1的随机数函数 */
33:double frand() ;/*返回0~1之间的实数随机数函数 */
34:void printqvalue(double qvalue[][ACTIONNO]);/*输出Q值 */
35:int selecta(int s,double qvalue[][ACTIONNO]);/*行动选择*/
36:double updateq(int s,int snext,int a,double qvalue[][ACTIONNO]);/*更新Q值*/
37:int set_a_by_q(int s,double qvalue[][ACTIONNO]) ;/*选择最大Q值 */
38:int nexts(int s,int a) ;/*根据行动转移到下一个状态 */
39:
40:/****************/
```

```
41:/*  main()函数  */
42:/*****************/
43:int main()
44:{
45: int i,j;
46: int s,snext;/*现在的状态和下一个状态*/
47: int t;/*循环计数器*/
48: int a;/*行动*/
49: double qvalue[STATENO][ACTIONNO] ;/*Q值*/
50:
51: srand(SEED);/*随机数初始化*/
52:
53: /*Q值初始化*/
54: for(i=0;i<STATENO;++i)
55:  for(j=0;j<ACTIONNO;++j)
56:   qvalue[i][j]=frand() ;
57: printqvalue(qvalue) ;
58:
59: /*学习循环*/
60: for(i=0;i<GENMAX;++i){
61:  s=0;/*行动的初始状态*/
62:  for(t=0;t<LEVEL;++t){/*一直循环到最后一次行动*/
63:   /*行动选择*/
64:   a=selecta(s,qvalue) ;
65:   fprintf(stderr," s= %d a=%d\n",s,a) ;
66:   snext=nexts(s,a) ;
67:
68:   /*Q值更新*/
69:   qvalue[s][a]=updateq(s,snext,a,qvalue) ;
70:   /*根据行动a转移到下一个状态snext*/
71:    s=snext ;
72:  }
73:  /* 输出Q值 */
74:  printqvalue(qvalue) ;
75: }
76: return 0;
77:}
78:
79:/**************************/
80:/*      updateq()函数      */
81:/*       对Q值进行更新       */
82:/**************************/
```

```
83:double updateq(int s,int snext,int a,double qvalue[][ACTIONNO])
84:{
85: double qv ;/*更新后的Q值*/
86:
87: /*Q值更新*/
88: if(snext==GOAL)/*获得奖赏的情况*/
89:   qv=qvalue[s][a]+ALPHA*(REWARD-qvalue[s][a]) ;
90: else/*没有获得奖赏的情况*/
91:   qv=qvalue[s][a]
92:     +ALPHA*(GAMMA*qvalue[snext][set_a_by_q(snext,qvalue)]-qvalue[s][a]) ;
93:
94: return qv ;
95:}
96:
97:/****************************/
98:/*        selecta()函数      */
99:/*        选择行动           */
100:/****************************/
101:int selecta(int s,double qvalue[][ACTIONNO])
102:{
103: int a ;/*被选择的行动*/
104:
105: /*用ε-Greedy法进行行动选择*/
106: if(frand()<EPSILON){
107:   /*随机行动*/
108:   a=rand0or1();
109: }
110: else{
111:   /*选择最大Q值进行行动*/
112:   a=set_a_by_q(s,qvalue) ;
113: }
114:
115: return a ;
116:}
117:
118:/****************************/
119:/*    set_a_by_q()函数       */
120:/*    选择最大Q值            */
121:/****************************/
122:int set_a_by_q(int s,double qvalue[][ACTIONNO])
123:{
124: if((qvalue[s][UP])>(qvalue[s][DOWN]))
```

```
125:  return UP ;
126: else return DOWN;
127:}
128:
129:/***************************/
130:/*    nexts()函数          */
131:/*根据行动转移到下一个状态  */
132:/***************************/
133:int nexts(int s,int a)
134:{
135: return s*2+1+a ;
136:}
137:
138:/***************************/
139:/*    printqvalue()函数     */
140:/*      输出Q值            */
141:/***************************/
142:void printqvalue(double qvalue[][ACTIONNO])
143:{
144: int i,j ;
145:
146: for(i=0;i<STATENO;++i){
147:  for(j=0;j<ACTIONNO;++j)
148:   printf("%.3lf ",qvalue[i][j]);
149:  printf("\t") ;
150: }
151: printf("\n");
152:}
153:
154:/***************************/
155:/*    frand()函数          */
156:/*返回0~1之间的实数随机数函数*/
157:/***************************/
158:double frand()
159:{
160: /*随机数计算*/
161: return (double)rand()/RAND_MAX ;
162:}
163:
164:/***************************/
165:/*    rand0or1()函数        */
166:/*   返回0或者1的随机数函数  */
```

```
167:/****************************/
168:int rand0or1()
169:{
170: int rnd ;
171:
172: /*除以随机数最大值*/
173: while((rnd=rand())==RAND_MAX) ;
174: /*随机数计算*/
175: return (int)((double)rnd/RAND_MAX*2) ;
176:}
```

执行 q21.c 程序，会重复输出如图 2.17 所示的值。这里输出的数据是从起点到终点的一次尝试所对应的数据。

在图 2.17 的输出结果中，每个小数表示的是当时的每一个 Q 值。另外，表示变量 s 和变量 a 的值表示状态和被选择的行动。

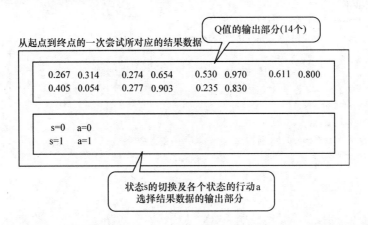

图 2.17　q21.c 程序的输出结果例子（1）：从起点到终点的一次尝试所对应的结果数据的例子

图 2.17 中 Q 值的输出部分所示的 14 个数值依次为 qvalue［0］［0］、qvalue［0］［1］、qvalue［1］［0］、qvalue［1］［1］、…、qvalue［6］［1］的值。其中，qvalue［0］［0］是表示在状态 0 中采取行动 0，即向上的行动时的 Q 值，即 Q（状态 0，上）的值。同样，qvalue［0］［1］是表示在状态 0 中采取行动 1，即采取向下的行动时的 Q 值，也就是 Q（状态 0，下）的值（见图 2.18）。

如图 2.17 所示，下面一个框表示状态转移和行动选择的部分，其中，第 1 行表示状态 0，也就是开始状态下的行动选择，第 2 行表示即将转移到的下一个状态和该状态的行动选择的结果。

例如，在图 2.19 的情况下，在第 1 行的开始状态（状态 0）中，行动 0 意味着选择向上的行动，从而初始状态转移到状态 1。接着，在状态 1 中，选择了行动 1，也就是向下的

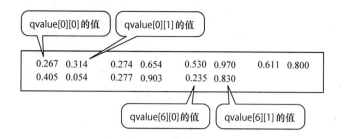

图 2.18　q21.c 程序的输出结果例子（2）：Q 值输出

行动，将抵达状态 4。

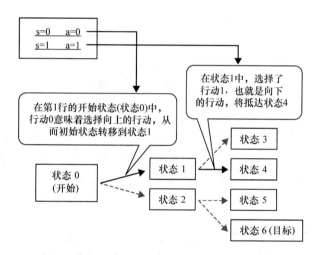

图 2.19　q21.c 程序的输出结果例子（3）：状态的转移和行动的选择

　　在 q21.c 程序中，循环多次进行图 2.17 所示的起点到终点的尝试。q21.c 程序的执行例子参考如下所示的执行例 2.1。

■ **执行例 2.1　q21.c 程序的执行例子**

```
C:\Users\odaka\ch2>q21
0.267 0.314    0.274 0.654    0.530 0.970    0.611 0.800    0.405 0.054    0.277 0.903    0.235 0.830
  s= 0 a=0
  s= 1 a=1
0.299 0.314    0.274 0.625    0.530 0.970    0.611 0.800    0.405 0.054    0.277 0.903    0.235 0.830
  s= 0 a=1
  s= 2 a=1
0.299 0.370    0.274 0.625    0.530 1.873    0.611 0.800    0.405 0.054    0.277 0.903    0.235 0.830
  s= 0 a=1
  s= 2 a=1
```

```
0.299 0.501    0.274 0.625    0.530 2.686    0.611 0.800    0.405 0.054    0.277 0.903    0.235 0.830
s= 0 a=1
s= 2 a=0
...
（下面继续输出）
...
0.388 8.102    0.274 0.518    0.677 9.749    0.611 0.800    0.405 0.054    0.277 0.903    0.235 0.830
s= 0 a=1
s= 2 a=1
0.388 8.169    0.274 0.518    0.677 9.774    0.611 0.800    0.405 0.054    0.277 0.903    0.235 0.830
s= 0 a=1
s= 2 a=0
0.388 8.232    0.274 0.518    0.691 9.774    0.611 0.800    0.405 0.054    0.277 0.903    0.235 0.830
s= 0 a=1
s= 2 a=1
0.388 8.288    0.274 0.518    0.691 9.797    0.611 0.800    0.405 0.054    0.277 0.903    0.235 0.830

C:\Users\odaka\ch2>
```

在执行例 2.1 中，q21.c 程序重复行动进行 Q 值的学习。在学习的初期阶段，Q 值是随机的，不能到达终点状态 6。为此，经过反复尝试进行 Q 学习，根据 Q 值大小进行行动选择，最终的的确确到达了终点。如图 2.20 所示，我们从执行例 2.1 中摘取最后一次的 Q 值数据，进行分析。

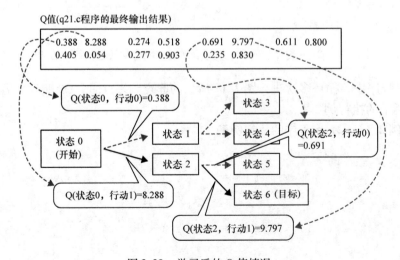

图 2.20　学习后的 Q 值情况

如图 2.20 所示，在状态 0 中，与行动 0 即向上的行动对应的 Q 值为 Q（状态 0，行动 0），与行动 1 即向下的行动对应的 Q 值为 Q（状态 0，行动 1），相比之下，后者的 Q 值更大。因此，如果在状态 0 中根据 Q 值来选择行动，就一定会选择向下的行动 1。

在状态 0 中选择行动 1，状态将转移到状态 2。在状态 2 中，对行动的 Q 值进行比较，状态 2 中的行动 1，也就是向下的行动的 Q 值，即 Q（状态 2，行动 1）的值相对较大。因此，在状态 2 中选择向下的行动。综合起来我们可以得出初步结论，使用学习后的 Q 值进行行动选择，必定能够到达终点。

为了更好地理解 Q 值学习的发展过程，我们将 qvalue[ ][ ] 的变化过程用图表进行梳理。图 2.21 显示了伴随着学习的整个进程，Q 值的变化情况。

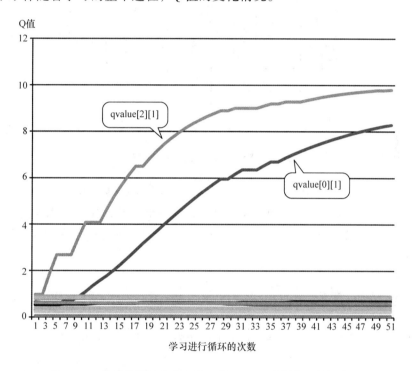

图 2.21　伴随着学习的进程的 Q 值（qvalue[ ][ ]）变化情况

在图 2.21 中，通过反复尝试，我们可以看出，循环过程中 qvalue［2］［1］ 和 qvalue［0］［1］ 呈现出上升趋势。最终，如图 2.20 所示，从开始到达目标的行动策略被最终学习。

2.2.2　目标探寻问题的学习程序

本小节中，我们在 q21.c 程序的基础上进行扩展，搭建一个稍微复杂的学习程序。这次的 Q 学习的学习对象我们选择图 2.22 所示的二维状态空间。学习程序从左上的状态 0 开始，可以向上下左右不同方向移动，目标终点是 54 所在的格子。

按照前面我们学习到的思路，要通过 Q 学习获得图 2.22 的行动知识，我们首先必须对状态 s 相应的行动 a 的 Q 值进行设定。

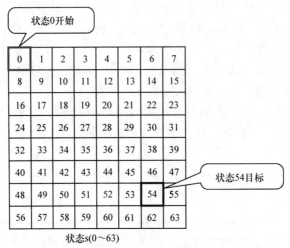

图 2.22　目标探寻问题的学习程序

在图 2.22 中，由于各个状态处于二维表中，从某个状态转移到另一个状态的行动，最多有上下左右 4 种。因此，从状态 0 到状态 63 的每一个状态，我们可以设定上下左右的 4 种行动的 Q 值。比如说状态 9，对上下左右的 4 种行动的 Q 值可以分别记为

Q（状态 9，上）

Q（状态 9，下）

Q（状态 9，左）

Q（状态 9，右）

4 种（见图 2.23）。同样地，这些值一开始可以用随机数进行初始化。

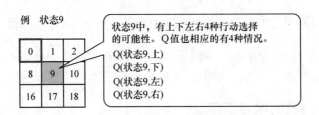

图 2.23　Q 值的设定

在学习过程中，通过反复尝试，到达目标状态可以得到奖赏。我们用前面 q21.c 程序中用到的方法对 Q 值进行更新，同时一步一步走向目标，随着目标的不断接近，Q 值也逐渐变大。

例如，在图 2.24 中，我们先以目标状态 54 为出发点，逐步发散地考虑周围的状

态。目标状态周围的状态为状态 53、状态 55、状态 46 以及状态 62，从这 4 个状态出发，最少只需要一次行动就可以到达目标状态 54，其结果可以获得相应的奖赏。顺着之前的思路，反复尝试期间，在这些目标状态周围的状态中，到达目标状态的行动的 Q 值应该会逐渐增加。

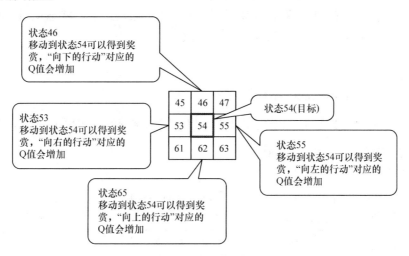

图 2.24　通过 Q 学习更新 Q 值（1）：可以获得奖赏的情况

没有获得奖赏的情况，我们用下一个状态中获得的最大 Q 值来更新当前状态所选行动对应的 Q 值。在这个过程中，处于到达终点的路线上的行动的 Q 值也会相应增加。

例如，在图 2.25 中，选择从状态 38 向下的行动，并移动到状态 46。状态 46 是接近目标的状态，若前面的行动的次数有足够的累积，下一次采取的行动的 Q 值应该会增大。因

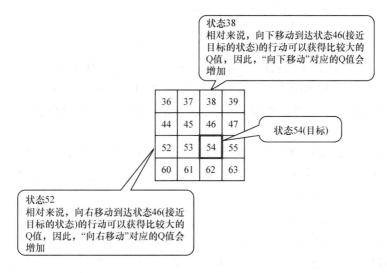

图 2.25　通过 Q 学习更新 Q 值（2）：没有获得奖赏的一个例子

此，若选择从状态 38 向下的行动，该行动对应的 Q 值也会增加。同理，从状态 52 转移到状态 53 时也一样。

那么，接下来我们用 C 语言编写程序 q22.c 来解答图 2.22 的例题。Q 学习的算法如图 2.10 所示，q22.c 程序的基本结构和处理流程与 q21.c 程序相同。

与 q21.c 程序的情况一样，我们先要考虑基本数据的表现形式。状态 s、行动 a，以及 Q 值 Q（s，a）的表现形式与 q21.c 程序的情况一致。

```
int s;/*状态s*/
int a;/*行动a*/
double qvalue[STATENO][ACTIONNO] ;/*Q值*/
```

其中，STATENO 和 ACTIONNO 两个常量我们可以根据本例题的具体情况进行定义。

```
#define STATENO  64   /*状态的数量*/
#define ACTIONNO 4    /*行动的数量*/
```

本例题中，状态数量是从状态 0 到状态 63，共计 64 个。行动的数量是上下左右 4 种。将上下左右的行动定义为图 2.26 所示的常量。

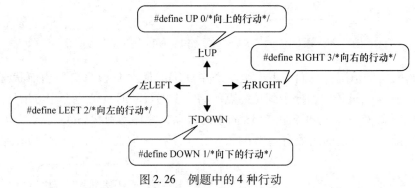

图 2.26　例题中的 4 种行动

我们接下来，将使用以上的数据结构，实现图 2.10 所示的 Q 学习算法。

首先，在图 2.10 的初始化步骤中，我们将对 Q 值的数组 qvalue[ ][ ] 用随机数进行初始化。其中，为了防止移动到二维表的区域外，所有朝向区域外的行动的 Q 值统一地设为 0。

图 2.27 中，二维表所处的四边形的上边中的状态 0 到状态 7 中，若选择向上的行动，就会跑到二维表的区域外。因此，为了防止这种情况发生，我们将这些状态的向上行动对应的 Q 值 qvalue[ ][UP] 初始化为 0。

通过这样的机制，我们可以有效地避免范围溢出的问题。另外，在 ε-Greedy 算法的行动选择中我们也可以用以下方法简单地加以限制，即随机选择行动的时候，如遇到 Q 值为 0 的情况须重新进行选择。这样一来，即使是随机的行动选择，也避免了范围溢出的问题。

图 2.27 中，我们总结了初始化步骤中，如何通过设置 Q 值防止范围溢出的问题。

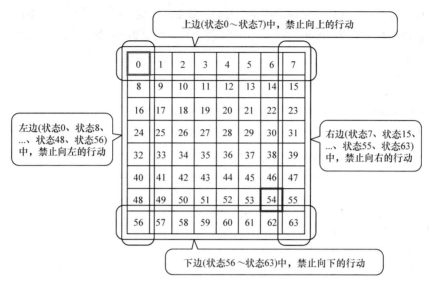

图 2.27 Q 值初始化步骤中，防止范围溢出的机制

```
/*Q值的初始化*/
for(i=0;i<STATENO;++i)
 for(j=0;j<ACTIONNO;++j){
  qvalue[i][j]=frand() ;
  if(i<=7) qvalue[i][UP]=0 ;/*上边中，禁止向上的行动*/
  if(i>=56) qvalue[i][DOWN]=0 ;/*下边中，禁止向下的行动 */
  if(i%8==0) qvalue[i][LEFT]=0 ;/*左边中，禁止向左的行动 */
  if(i%8==7) qvalue[i][RIGHT]=0 ;/*右边中，禁止向右的行动 */
 }
```

初始化完成之后，按图 2.10 的步骤（1）～（6）进行学习。这里的处理流程基本上和 q21.c 一样。但是也有不一样的地方，在 q21.c 程序中，从开始状态 0 经历了两次行动必定会到达最终状态，即状态 3～状态 6 的任意一个。然而在例题中，从开始状态 0 开始直到抵达终点的行动次数是不确定的。极端的情况，各个状态之间不断循环切换，有可能重复几百次的行动，也不一定到达终点（见图 2.28）。

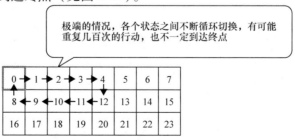

图 2.28 设定单次循环行动次数的上限值的必要性

那么，在 q22.c 中，我们如何设定单次循环行动次数的上限值呢？我们把上限次数定义为常量 LEVEL。然后实现图 2.10 中的 Q 学习算法步骤（5）。考虑到这一点，我们编写如下代码：

```
/*学习循环*/
for(i=0;i<GENMAX;++i){
 s=0;/*行动的状态初始化*/
 for(t=0;t<LEVEL;++t){/*一直循环，直到达到最大循环次数为止*/
  /*行动选择*/
  a=selecta(s,qvalue) ;
  snext=nexts(s,a) ;

  /*Q值更新*/
  qvalue[s][a]=updateq(s,snext,a,qvalue) ;
  /*根据行动a转移到下一个状态snext */
  s=snext ;
  /*若顺利到达目标，则返回初始状态*/
  if(s==GOAL) break ;
 }
}
```

接下来，我们将考虑下面几个函数。

首先，考虑行动选择函数，即 selecta() 函数的构成方法。selecta() 函数的思路与 q21.c 程序的思路基本相同。也就是说，通过 ε-Greedy 法，或进行随机行动，或基于最大 Q 值进行行动。

其中，可以选择的行动的个数与 q21.c 程序的情况不同，这里可以选择的数量是"上下左右" 4 种。另外，若出现随机行动中会移动到区域外，即对应的 Q 值为 0 的情况，需要重新进行行动选择。

我们将上述情况反映为如下程序代码。其中，rand03() 函数是随机返回 0、1、2 或 3 的随机数函数。

```
/*使用ε-Greedy法进行行动选择*/
if(frand()<EPSILON){
 /*随机行动*/
 do
  a=rand03() ;
 while(qvalue[s][a]==0) ;/*无法移动的方向，需要重新选择行动*/
}
else{
 /*根据最大Q值进行行动选择*/
 a=set_a_by_q(s,qvalue) ;
}
```

在这里，set_a_by_q() 函数的处理比 q21.c 程序的情况会稍微复杂一些。在 q21.c 程序中，只需要在上或下的两种行动中进行选择。而在这个程序中，有上下左右 4 种行动的可能性，需根据 Q 值选择一个行动。因此，需要进行以下处理：

```
double maxq=0 ;/* Q值的最大值候选 */
int maxaction=0 ;/*最大Q值对应的行动 */
int i ;

for(i=0;i<ACTIONNO;++i)
 if((qvalue[s][i])>maxq){
  maxq=qvalue[s][i] ;/*更新最大值 */
  maxaction=i ;/*对应的行动 */
 }
```

其中，maxaction 是最大 Q 值对应的行动编号。用上述的 maxaction 的值作为 set_a_by_q( ) 函数的返回值。

接下来，我们来考虑负责 Q 值更新的 updateq( ) 函数。实际上，关于 updateq( ) 函数，q21.c 程序和 q22.c 程序的处理是完全相同的，并没有特别的差别。因此，在 q22.c 程序中不用做任何变更，照搬过来使用。

接下来是考虑状态转移函数的 nexts( ) 函数。我们知道，在 q22.c 程序中可供选择的行动分别是上下左右 4 种，而在 q21.c 中，只有两种行动的可能性，因此，这个函数的处理内容必定不同。具体来说，对上下左右 4 种行动分别与适当的值进行加法运算。这个加法运算值对应于上下左右分别为 −8、8、−1、1（见图 2.29）。

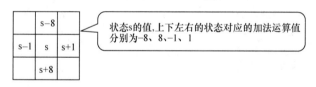

图 2.29　q22.c 程序中的 nexts( ) 函数的思路

为了实现图 2.29 的思路，在 nexts( ) 函数中使用如下的数组 next_s_value[ ]。

```
int next_s_value[]={-8,8,-1,1} ;
    /* 行动a对应的4个方向状态的加法运算值 */
```

通过使用 next_s_value[ ] 数组，我们很简单地就可以把当前状态 s 下的某个行动 a 对应的下一个状态关联起来，通过下面的式子就可以简单地求得下一个状态。

```
s+next_s_value[a]
```

基于上面的讨论，我们可以编写完整的 q22.c 程序代码。q22.c 程序的源代码如程序清单 2.2 所示。

■ **程序清单 2.2　q22.c 程序源代码**

```
 1:/**********************************************/
 2:/*          q22.c                            */
 3:/* 强化学习(Q学习)的例程2
 4:/* 稍微复杂情况下的例子                        */
 5:/* 使用方法                                    */
 6:/* C:\Users\odaka\ch2>q22                     */
 7:/**********************************************/
 8:
 9:/*Visual Studio兼容性*/
10:#define _CRT_SECURE_NO_WARNINGS
11:
12:/*头文件的include*/
13:#include <stdio.h>
14:#include <stdlib.h>
15:
16:/* 常量定义 */
17:#define GENMAX  100 /*学习循环次数*/
18:#define STATENO  64  /*状态的数量*/
19:#define ACTIONNO 4 /*行动的数量*/
20:#define ALPHA 0.1/*学习系数*/
21:#define GAMMA 0.9/*折扣系数*/
22:#define EPSILON 0.3 /*行动选择的随机系数*/
23:#define SEED 32767 /*随机数种子*/
24:#define REWARD 10 /*目标达成的奖赏*/
25:
26:#define GOAL 54/*状态54为目标状态*/
27:#define UP 0/*向上的行动*/
28:#define DOWN 1/*向下的行动*/
29:#define LEFT 2/*向左的行动*/
30:#define RIGHT 3/*向右的行动*/
31:#define LEVEL 512/*1单次循环最大次数*/
32:
33:/* 函数声明 */
34:int rand03() ;/*返回0、1、2、3的随机数函数*/
35:double frand() ;/*返回0~1之间的实数随机数函数*/
36:void printqvalue(double qvalue[][ACTIONNO]);/*输出Q值*/
37:int selecta(int s,double qvalue[][ACTIONNO]);/*行动选择*/
38:double updateq(int s,int snext,int a,double qvalue[][ACTIONNO]);/*更新Q值*/
39:int set_a_by_q(int s,double qvalue[][ACTIONNO]) ;/*选择最大Q值*/
40:int nexts(int s,int a) ;/*根据行动转移到下一个状态*/
41:
```

```
42:/****************/
43:/*  main()函数   */
44:/****************/
45:int main()
46:{
47: int i,j;
48: int s,snext;/*现在的状态和下一个状态*/
49: int t;/*循环计数器*/
50: int a;/*行动*/
51: double qvalue[STATENO][ACTIONNO] ;/*Q值*/
52:
53: srand(SEED);/*随机数初始化*/
54:
55: /*Q值初始化*/
56: for(i=0;i<STATENO;++i)
57:  for(j=0;j<ACTIONNO;++j){
58:   qvalue[i][j]=frand() ;
59:   if(i<=7) qvalue[i][UP]=0 ;/*上边中，禁止向上的行动 */
60:   if(i>=56) qvalue[i][DOWN]=0 ;/* 下边中，禁止向下的行动 */
61:   if(i%8==0) qvalue[i][LEFT]=0 ;/* 左边中，禁止向左的行动 */
62:   if(i%8==7) qvalue[i][RIGHT]=0 ;/* 右边中，禁止向右的行动 */
63:  }
64: printqvalue(qvalue) ;
65:
66: /*学习循环*/
67: for(i=0;i<GENMAX;++i){
68:  s=0;/*行动的初始状态*/
69:  for(t=0;t<LEVEL;++t){/*一直循环到最后一次行动 */
70:   /*行动选择*/
71:   a=selecta(s,qvalue) ;
72:   fprintf(stderr,"%d: s= %d a=%d\n",t,s,a) ;
73:   snext=nexts(s,a) ;
74:
75:   /*Q值更新*/
76:   qvalue[s][a]=updateq(s,snext,a,qvalue) ;
77:   /*根据行动a转移到下一个状态snext*/
78:    s=snext ;
79:   /*若顺利到达目标，则返回初始状态*/
80:   if(s==GOAL) break ;
81:  }
82:  fprintf(stderr,"\n") ;
83:  /* 输出Q值*/
```

```
84:   printqvalue(qvalue) ;
85:
86: }
87: return 0;
88:}
89:
90:/*****************************/
91:/*        updateq()函数       */
92:/*        对Q值进行更新        */
93:/*****************************/
94:double updateq(int s,int snext,int a,double qvalue[][ACTIONNO])
95:{
96: double qv ;/*更新后的Q值 */
97:
98: /*Q值更新 */
99: if(snext==GOAL)/*获得奖赏的情况 */
100:   qv=qvalue[s][a]+ALPHA*(REWARD-qvalue[s][a]) ;
101: else/*没有获得奖赏的情况*/
102:   qv=qvalue[s][a]
103:     +ALPHA*(GAMMA*qvalue[snext][set_a_by_q(snext,qvalue)]-qvalue[s][a]) ;
104:
105: return qv ;
106:}
107:
108:/*****************************/
109:/*        selecta()函数       */
110:/*        选择行动            */
111:/*****************************/
112:int selecta(int s,double qvalue[][ACTIONNO])
113:{
114: int a ;/*被选择的行动*/
115:
116: /*用ε-Greedy法进行行动选择 */
117: if(frand()<EPSILON){
118:   /*随机行动*/
119:   do
120:    a=rand03() ;
121:   while(qvalue[s][a]==0) ;/*无法移动的方向，需要重新选择行动*/
122: }
123: else{
124:   /*选择最大Q值进行行动*/
125:   a=set_a_by_q(s,qvalue) ;
```

```
126: }
127:
128: return a ;
129:}
130:
131:/***************************/
132:/*    set_a_by_q()函数      */
133:/*        选择最大Q值        */
134:/***************************/
135:int set_a_by_q(int s,double qvalue[][ACTIONNO])
136:{
137: double maxq=0 ;/*Q值的最大值候选*/
138: int maxaction=0 ;/*最大Q值对应的行动*/
139: int i ;
140:
141: for(i=0;i<ACTIONNO;++i)
142:   if((qvalue[s][i])>maxq){
143:     maxq=qvalue[s][i] ;/*更新最大值*/
144:     maxaction=i ;/*对应的行动*/
145:   }
146:
147: return maxaction ;
148:}
149:
150:/***************************/
151:/*    nexts()函数            */
152:/* 根据行动转移到下一个状态 */
153:/***************************/
154:int nexts(int s,int a)
155:{
156: int next_s_value[]={-8,8,-1,1} ;
157:     /* 行动a对应的4个方向状态的加法运算值 */
158:
159: return s+next_s_value[a] ;
160:}
161:
162:/***************************/
163:/*    printqvalue()函数     */
164:/*      输出Q值              */
165:/***************************/
166:void printqvalue(double qvalue[][ACTIONNO])
167:{
```

```
168: int i,j ;
169:
170: for(i=0;i<STATENO;++i){
171:  printf("%d ",i) ;
172:  for(j=0;j<ACTIONNO;++j)
173:   printf("%.3lf ",qvalue[i][j]);
174:  printf("\n") ;
175: }
176: printf("\n");
177:}
178:
179:/***************************/
180:/*     frand()函数         */
181:/*返回0~1之间的实数随机数函数 */
182:/***************************/
183:double frand()
184:{
185: /*随机数计算*/
186: return (double)rand()/RAND_MAX ;
187:}
188:
189:/***************************/
190:/*     rand03()函数        */
191:/* 返回0、1、2、3的随机数函数*/
192:/***************************/
193:int rand03()
194:{
195: int rnd ;
196:
197: /*除以随机数最大值*/
198: while((rnd=rand())==RAND_MAX) ;
199: /*随机数计算*/
200: return (int)((double)rnd/RAND_MAX*4) ;
201:}
```

执行 q22. c 程序后，可以得到如执行例 2.2 所示形式的输出。在执行例 2.2 中，q22. c 程序通过反复地输出 Q 值和采取行动，不断进行学习。最开始，使用随机的 Q 值进行行动，到达目标的行动次数可能很长，甚至极端的情况有可能一直都不能到达目标。伴随着学习的进行，从开始到目标最终能够通过最短路径到达。

■ 执行例 2.2　q22.c 程序的执行例子

```
C:\Users\odaka\ch2>q22
0 0.000 0.314 0.000 0.654
1 0.000 0.970 0.611 0.800
2 0.000 0.054 0.277 0.903
3 0.000 0.830 0.112 0.048
4 0.000 0.464 0.755 0.400
5 0.000 0.439 0.030 0.174
...
59 0.986 0.000 0.307 0.438
60 0.087 0.000 0.929 0.508
61 0.068 0.000 0.267 0.148
62 0.343 0.000 0.487 0.462
63 0.301 0.000 0.301 0.000
```

> 输出从状态0~状态63的各状态中上下左右所对应的Q值

```
0: s= 0 a=3
1: s= 1 a=1
2: s= 9 a=0
3: s= 1 a=1
...
435: s= 53 a=2
436: s= 52 a=3
437: s= 53 a=2
438: s= 52 a=3
439: s= 53 a=3
```

> 第1次运行，从初始状态（状态0）开始移动

> 第439次行动中，从状态53向右移动（a=3），到达目标（状态54）

```
0 0.000 0.314 0.000 0.676
1 0.000 0.892 0.611 0.800
2 0.000 0.111 0.332 0.685
3 0.000 0.660 0.313 0.261
...
60 0.087 0.000 0.923 0.508
61 0.068 0.000 0.324 0.148
62 0.343 0.000 0.462 0.462
63 0.301 0.000 0.314 0.000
```

> 输出第1次运行后的Q值

```
0: s= 0 a=3
1: s= 1 a=1
2: s= 9 a=3
3: s= 10 a=0
...
508: s= 29 a=2
509: s= 28 a=3
510: s= 29 a=2
511: s= 28 a=3
...
```

> 第2次运行，再次从初始状态（状态0）开始移动

> 一次运行中，超过了最大行动数还没有到达目标（本例中的最大行动数是512），因此，第2次运行终止

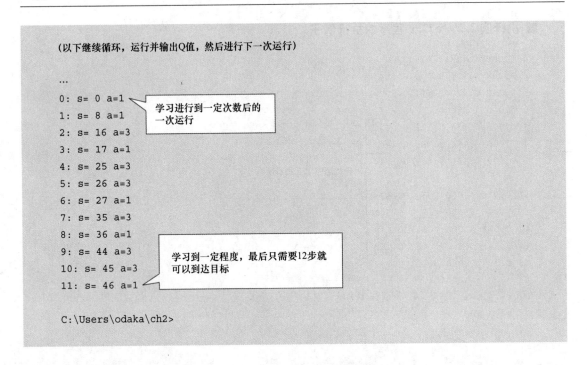

图 2.30 所示为一个执行例 2.2 中在学习的最后阶段可能出现的情况。如图 2.30 所示，在学习的最后阶段的行动中，最短需要 12 步就可以到达终点。

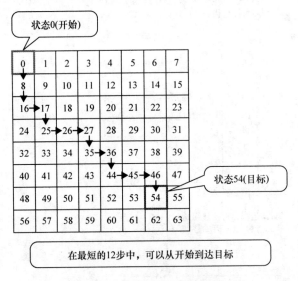

图 2.30　学习的最后阶段的行动

接下来，我们来看看在整个执行例 2.2 的学习过程中，Q 值的变化趋势。图 2.31 中，我们将学习初期和学习后期的 Q 值进行比较。在图 2.31 中，根据各个状态的最大 Q 值确定行动后，用箭头进行对行动的方向进行标示。因此，每个箭头表示某一状态下的最大 Q 值对应的行动方向。

图 2.31a 为学习的初期状态，根据随机数的初始化后，箭头指向随机的方向。因此，在学习初期，以 Q 值进行的行动选择也是随机进行的，仅仅基于 Q 值进行行动选择导致无法到达目标。

与之相对应的，在学习的最后阶段（见图 2.31b）中，从起始位置跟着箭头的方向走，很容易就到达目标 G。同时，即便没有从起始位置开始，也可以沿着箭头的方向很快地移动到目标 G。综上所述，通过 Q 学习，程序获得了到达目标 G 的行动知识。

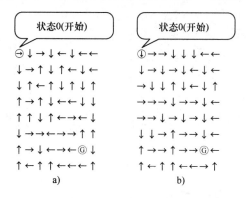

图 2.31 学习过程中的 Q 值的变化趋势

第 3 章

深度学习技术

在本章中，我们将重点介绍深度学习的基础技术——神经网络。首先，我们会先介绍标准的神经网络，即阶层型神经网络的计算方法和学习方法。接下来，我们会介绍卷积神经网络的原理和学习方法。

3.1　实现深度学习的技术

本节中，我们将介绍用多个神经细胞组建神经网络的方法。接着，我们将重点介绍神经网络的一种学习方法——误差逆传播法，或称逆向传播法。

3.1.1　神经细胞的活动和阶层型神经网络

在第 1 章中，我们介绍了单个神经细胞相关的计算方法。单个神经细胞能够接受多个输入，输出一个值。正如第 1 章所述，多个神经细胞构成一个统一的完整网络，整个网络能够接收到所有神经细胞的输入，并且会给出适当的输出，从而形成一个完整的计算结构。这就是我们所说的神经网络。

神经网络有很多不同的构成方法。其中，图 3.1 所示的阶层型神经网络，是一个最为典型的神经网络结构。图 3.1 所示的阶层型神经网络，接收 2 个输入值，并计算出 1 个输出值。

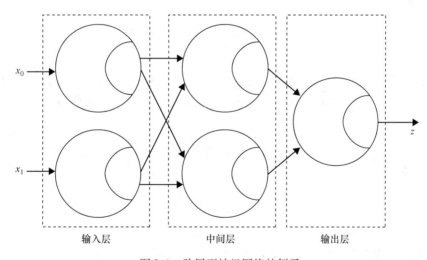

图 3.1　阶层型神经网络的例子

图 3.1 所示的阶层型神经网络，由输入层、中间层和输出层构成。各阶层中，输入层有 2 个神经细胞，中间层有 2 个神经细胞，输出层有 1 个神经细胞。那么接下来，我们将对类似于图 3.1 这样的最基本的阶层型神经网络展开讨论。

在图 3.1 所示的阶层型神经网络上，我们来试着设置如图 3.2 所示的权重和阈值等网络参数。在这里，神经细胞的传递函数采用阶跃函数。

我们可以注意到，在图 3.2 中，输入层的神经细胞没有设置参数。这意味着，输入值将原封不动地输出到下一层。

中间层的神经细胞以及输出层的神经细胞都设置了权重和阈值。比如说图 3.2 中，中间

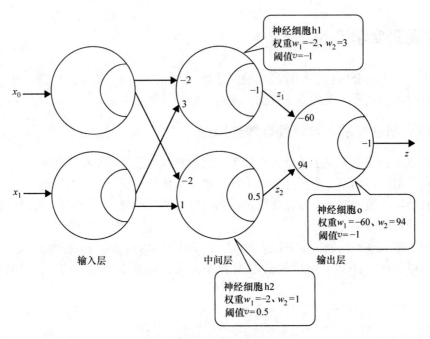

图 3.2　设置了具体参数的神经网络

层上面的神经细胞，对两个输入分别设置了 −2 和 3 的权重，同时设置了阈值为 −1。

我们来举个例子进行说明。假如神经细胞 h1 接收到如图 3.3 那样输入（1，1），那么这个神经细胞的输出值可以计算如下：

$$
\begin{aligned}
u_1 &= \sum xw - v \\
&= 1 \times (-2) + 1 \times 3 - (-1) \\
&= 2 \\
z_1 &= f(2) \\
&= 1
\end{aligned}
$$

式中，传递函数 f 为阶跃函数，若 $x < 0$，$f(x) = 0$；若 $x \geq 0$，$f(x) = 1$。

再举个例子。假如神经细胞 h1 接收到输入（1，0），那么这个神经细胞的输出值可以计算如下，结果为 0。

$$
\begin{aligned}
u_1 &= \sum xw - v \\
&= 1 \times (-2) + 0 \times 3 - (-1) \\
&= -1 \\
z_1 &= f(-1) \\
&= 0
\end{aligned}
$$

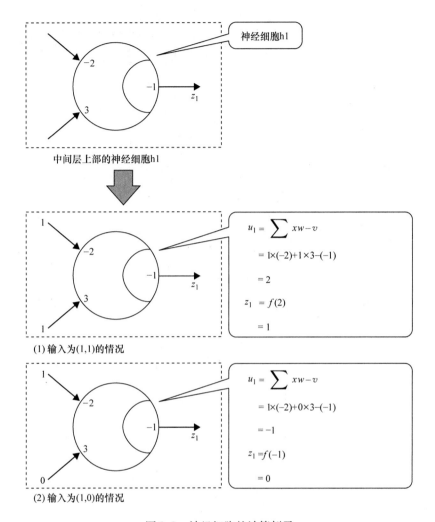

图 3.3　神经细胞的计算例子

同理，除了中间层和输出层以外的其他神经细胞，也可以用同样的方式进行计算。

那么，若要计算如图 3.2 所示的整个神经网络的结果，仅需对各个神经细胞分别进行计算，然后依次从输入层向输出层传递，直到最终计算出整个网络的输出。例如，按如图 3.4 所示的计算顺序，整个神经网络的输入值为（1，1），而经过层层技术，最终计算结果为 0。

首先，输入层接收到输入值之后，分别传递给中间层的两个神经细胞，计算出在中间层的两个输出值 z_1 和 z_2。

然后，通过 z_1 和 z_2，求出输出层神经细胞的输出值，从而也就求得了整个神经网络的输出。

在表 3.1 中，我们对图 3.2 的神经网络，给出了几组不同的输入值和与其对应的输出值。我们可以看出，图 3.2 的神经网络具备了逻辑运算中的排他性逻辑计算能力。

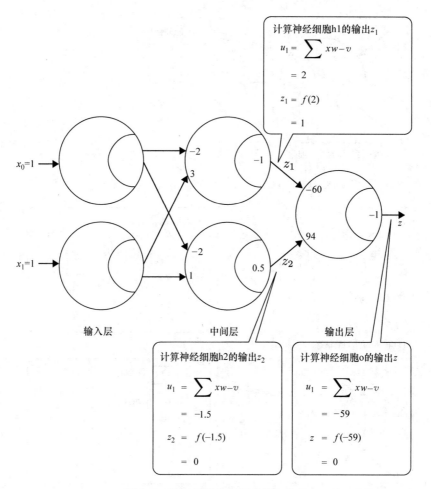

图 3.4　神经网络的计算步骤与方法

表 3.1　图 3.2 的神经网络的计算结果例子

x_1	x_2	u_1	z_1	u_2	z_2	u_3	z_3($=z$)
0	0	1	1	-0.5	0	-59	0
0	1	4	1	0.5	1	35	1
1	1	2	1	-1.5	0	-59	0
1	0	-1	0	-2.5	0	1	1

　　通过以上的例子我们可以知道，从输入数据到求得输出值，经过阶层型神经网络一层一层的计算，是可以从输入层向输出层依次对神经细胞进行计算的。每个神经细胞的计算仅仅包含了简单的加法计算和乘法计算，最后再通过传递函数计算出最终结果，由此可见，神经细胞本身的计算是非常简单的。因此，在一般的阶层型神经网络中，从最初的输入到最终的

输出的依次计算全程所花费的时间有可能也是非常短的。

　　当然，从最初的输入到最终的输出的计算过程中，两个神经网络参数——神经细胞的权重和阈值，必须被提前适当地给定。确定这两个参数的过程，我们一般称为神经网络的学习。与神经网络一层一层的计算相比，神经网络的学习需要花费的时间会更多。

3.1.2　阶层型神经网络的学习

　　那么接下来我们就开始来理解神经网络的参数决定过程，也就是神经网络的学习方法。首先，在图 3.5 的网络中，我们把注意力集中在输出层的神经细胞，来探讨一下这个神经细胞的参数是如何确定的。在图 3.5 的例子中，需要确定的参数是权重 w_1 和 w_2、阈值 v，共计 3 个值。

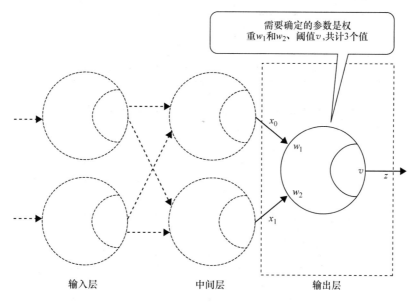

图 3.5　输出层的神经细胞的参数学习

　　举个例子。我们对图 3.5 的神经细胞给出如表 3.2 所示的输入以及相应的输出。表 3.2 的输入和输出的关系本质上是"逻辑或"（OR）运算。

表 3.2　学习数据

输入		输出（教师数据）
x_0	x_1	z
0	0	0
0	1	1
1	0	1
1	1	1

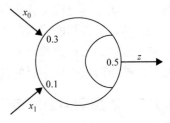

图 3.6 随机数给参数
进行初始化

在开始学习之前，我们适当地对参数进行初始值设置。在神经网络上，一般我们用随机数给参数赋值。比如在这里，我们假设如图 3.6 那样给参数赋初始值。

我们知道，图 3.6 的参数只不过是随机初始值，后面需要通过学习去不断验证。在学习时，通过依次应用表 3.2 所示的学习数据，一点点地调整参数。打个比方，首先通过调整参数使得输入（1，1）能够得出想要得到的正确输出 1，然后同样地，对输入（1，0）和（0，0）也用同样的方式去调整参数。依次完成调整之后，再回到最初的输入（1，1）进行微调，如图 3.7 所示，反复地对表 3.2 的学习数据进行参数微调。

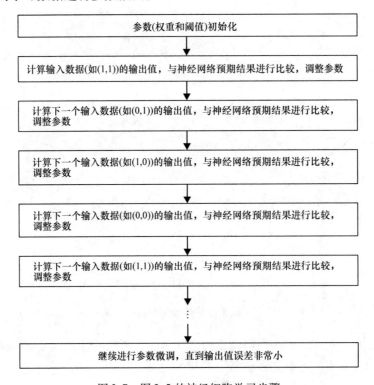

图 3.7 图 3.5 的神经细胞学习步骤

那么，从最初的输入（1，1）开始，我们来开启神经网络学习。使用图 3.6 的参数，首先计算出输入（1，1）对应的输出值。得出的结果是，输出值为 0。

$$
\begin{aligned}
u_1 &= \sum xw - v \\
&= 1 \times (0.3) + 1 \times 0.1 - 0.5 \\
&= -0.1
\end{aligned}
$$

$$z_1 = f(-0.1)$$
$$= 0$$

　　根据表 3.2，输入（1，1）对应的正确输出，即教师数据是 1。而最初用随机数初始化的参数进行计算的结果为 0，因此，我们明白了对输入（1，1）的计算结果不正确。因此，需要通过调整参数来获得正确的输出。

　　进行参数调整之前，需要知道为什么输出不正确。从计算结果来看，对传递函数的输入值是 -0.1，输出值为 0，比正确的输出值 1 小。因此，我们需要调整参数，使得输出值更大一些。

　　为了使得神经网络的输出结果变大，需要把权重值变大一些，同时把阈值变小一些。因此，我们来尝试用以下方式进行调整。

$$w_1 \quad 0.3 \rightarrow 0.45$$
$$w_2 \quad 0.1 \rightarrow 0.15$$
$$v \quad 0.5 \rightarrow 0.25$$

　　如上所述，权重 w_1 和 w_2 的值分别变成原来的 1.5 倍，而阈值 v 的值变为原值的 1/2。我们来使用上述的权重和阈值，重新计算输入（1，1）的输出。

$$u_1 = \sum xw - v$$
$$= 1 \times (0.45) + 1 \times 0.15 - 0.25$$
$$= 0.35$$
$$z_1 = f(0.35)$$
$$= 1$$

　　这次，得到了正确的输出 1。

　　接下来，按照图 3.7 的顺序，针对输入（0，1）进行学习。同样地，我们使用上述更新后的参数，对输入（0，1）进行计算，得出输出为 0，计算过程如下：

$$u_1 = \sum xw - v$$
$$= 0 \times (0.45) + 1 \times 0.15 - 0.25$$
$$= -0.1$$
$$z_1 = f(-0.1)$$
$$= 0$$

　　由于输入（0，1）的教师数据是 1，所以必须调整参数，使得输出值更大一些。因此，接下来我们继续尝试按照刚才的方式进行参数调整，以便输出更大的值。其中需要注意的是，对应输入值为 0 的权重，由于任何权重乘以 0 的结果都是 0，实际上不能对输出的计算做出"贡献"，因此，对应输入值 0 的权重 0.45，这里不需要进行调整。

$$w_1 \quad 0.45 \rightarrow 0.45$$
$$w_2 \quad 0.15 \rightarrow 0.225$$
$$v \quad 0.25 \rightarrow 0.125$$

我们来使用上述的权重和阈值，重新计算输入（0，1）的输出，结果为 1。

$$u_1 = \sum xw - v$$
$$= 0 \times (0.45) + 1 \times 0.225 - 0.125$$
$$= 0.1$$
$$z_1 = f(0.1)$$
$$= 1$$

接下来，继续往下对输入（1，0）进行学习。同样地，我们使用上述更新后的参数，对输入（1，0）进行计算，得出输出为 1，计算过程如下：

$$u_1 = \sum xw - v$$
$$= 1 \times (0.45) + 0 \times 0.225 - 0.125$$
$$= 0.325$$
$$z_1 = f(0.325)$$
$$= 1$$

由于输入值（1，0）的教师数据是 1，计算结果与教师数据一致，因此本次计算后，参数无需调整。

接下来，继续往下对输入值（0，0）进行学习。计算过程如下：

$$u_1 = \sum xw - v$$
$$= 0 \times (0.45) + 0 \times 0.225 - 0.125$$
$$= -0.125$$
$$z_1 = f(-0.125)$$
$$= 0$$

计算结果为 0，这次也和教师数据一致。

通过这样，4 个输入数据为一组，我们完成了一轮的学习。在学习过程中，参数发生了调整，因此，我们需要重新回到第一个输入（1，1）进行计算和检验。计算后可得到如下所示的正确答案。

$$u_1 = \sum xw - v$$
$$= 1 \times (0.45) + 1 \times 0.225 - 0.125$$
$$= 0.55$$
$$z_1 = f(0.55)$$
$$= 1$$

因为输出与教师数据一致，所以在这里也不需要调整参数。至此，所有的输入都取得了正确的输出，学习结束。

以上，我们通过实例理解了神经细胞的学习过程。这里所介绍的学习方法，基本上是按照如图 3.8 所示的步骤，对学习的输入数据不断进行循环计算。

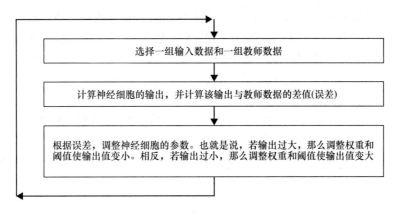

图 3.8　神经细胞的学习算法

由图 3.8 可以看出，学习过程中需要计算教师数据（期待的正确值）和输出值的差值，这就是所谓的"误差计算"。之所以要进行误差计算，是因为权重和阈值的调整是依照误差的大小来进行的。在只有一个神经细胞的情况下，误差是比较容易求出的。然而，在由多个神经细胞组成的神经网络中，误差是难以确认的。因此，如图 3.9 所示，我们反过来看，将最终段的误差值拆开到前一段的每个神经细胞分别考虑。这个方法被称为误差逆传播法，或称为逆向传播法（back propagation）。

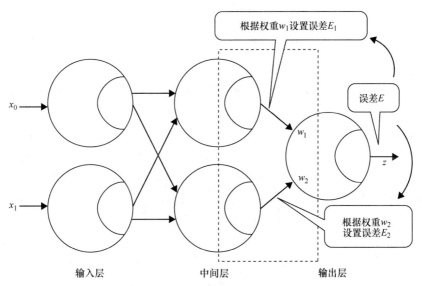

图 3.9　阶层型神经网络中的误差逆传播法

在图 3.9 中，对于中间层的神经细胞，只需将中间层的误差值拆开到输入层的每个神经细胞分别考虑。此时，可以根据发生误差的"责任"来分配误差。在这里，产生误差的

"责任"自然而然地可以考虑使用中间层与输出层结合的权重比例来进行"责任"分配。总之，若权重比较大，那么从中间层对输出层的影响力就比较强，因此其对误差所带来的影响也比较大。同理，将输出层的误差分配到中间层时，误差的"责任"也可以按中间层到输出层的权重比例进行分配。通过这样的方式，中间层的每一个神经细胞也可以和输出层的神经细胞一样进行学习。

接下来，我们用公式对上面的思路进行总结。首先，我们考虑对输出层的参数进行调整的方法。此时，若把权重和阈值分开进行个别处理会比较麻烦，所以可以先考虑用相同的计算方法来处理权重和阈值。为此，我们先把阈值考虑成一个特殊的权重，把它统一定为常量 -1（见图 3.10）。这样，就不需要对其进行特别对待了。

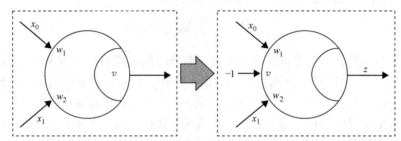

权重和阈值用相同的计算方法进行处理，阈值作为权重的一种进行考虑，统一定为常量-1

图 3.10　阈值的处理

按上述思路，输出层的参数调整公式如下：

$$w_i \leftarrow w_i + \alpha \times E \times h_i \tag{3.1}$$

在式（3.1）中，α 是学习系数，h_i 是从中间层开始的输出，E 是误差。误差定义如下：

$$E = o_t - o$$

式中，o_t 是教师数据，即期待的正解，o 是神经细胞的实际输出。另外，考虑传递函数的影响，式（3.1）可以进一步修正如下：

$$w_i \leftarrow w_i + \alpha \times E \times f'(u) \times h_i \tag{3.2}$$

式中，传递函数采用的是 Sigmoid 函数，微调系数计算如下：

$$f'(u) = f(u) \times (1 - f(u))$$
$$= o \times (1 - o) \tag{3.3}$$

把式（3.3）代入式（3.2）进行计算，权重的更新如下：

$$w_i \leftarrow w_i + \alpha \times E \times o \times (1 - o) \times h_i \tag{3.4}$$

接下来，我们来考虑中间层的神经细胞的学习方式。如上所述，中间层是通过依据输出层的权重分配的误差值进行学习的。中间层的第 j 个神经细胞的第 i 个输入，我们可以通过式（3.5）和式（3.6）进行计算。

$$\Delta_j \leftarrow h_j \times (1 - h_j) \times w_j \times E \times o \times (1 - o) \tag{3.5}$$

$$w_{ji} \leftarrow w_{ji} + \alpha \times x_i \times \Delta_j \qquad\qquad (3.6)$$

3.1.3　阶层型神经网络的编程实例（1）：单个神经细胞的学习程序 nn1. c

那么接下来，我们开始实操环节，先介绍如何搭建一个阶层型神经网络的学习程序。首先，我们介绍输入层神经细胞的学习程序 nn1. c。

nn1. c 程序的流程依照前面图 3.8 的流程进行，使用式（3.4）来学习权重和阈值。在 nn1. c 程序中，学习对象只有输出层的一个神经细胞。换句话说，nn1. c 程序不是神经网络的学习程序，而是单个神经细胞的学习模拟程序。

首先，先对程序中必要的数据结构进行定义。其中，存储神经细胞的权重和阈值的数组 wo[ ] 定义如下：

```
double wo[INPUTNO+1] ;/*输出层的权重*/
```

其中，符号常量 INPUTNO 是神经细胞的输入值编号。而数组 wo[ ] 的个数是输入值的数量，即权重值的个数和阈值个数 1 的求和结果。据此，可以一次性处理权重和阈值。

接下来，定义存储学习中用到的数据集的数组 e[ ][ ]。

```
double e[MAXNO][INPUTNO+1] ;/*输出层的权重*/
```

符号常量 MAXNO 是学习数据的最大个数。每一个学习数据集都包含输入数据，以及与输入数据对应的教师数据，这两部分的数据是成对出现的。图 3.11 是 nn1. c 程序的学习数据的一个举例。

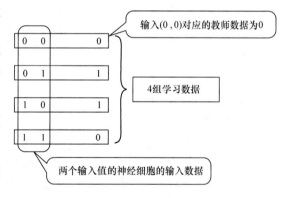

图 3.11 的学习数据集一共包含了 4 组学习数据，图中，每一行对应一组的学习数据。其中，INPUTNO 的值为 2，表示神经细胞有两个输入。比如，第一行学习数据，输入（0，0）对应的教师数据为 0。

图 3.11　nn1. c 程序处理学习数据的例子

若把图 3.11 的第一行学习数据，也就是第 0 组学习数据写入数组 e[ ][ ] 中，可以按如下进行初始化：

e[0][0] ←0

e[0][1] ←0

e[0][2] ←0

若将数据写入，则如下进行：

e[0][0] ←0

e[0][1] ←1

e[0][2] ←1

用同样的方法，把 4 组学习数据保存到数组 e[ ][ ] 中。

　　上面，我们在 nn1.c 中定义了主要的数据结构，如权重 wo[ ] 和学习数据集 e[ ][ ]。接下来，我们定义下面的数据：

```
double o ;/*输出*/
double err=BIGNUM ;/*误差评估*/
int n_of_e ;/*学习数据的个数*/
```

其中，变量 o 是神经细胞的输出值，变量 err 是神经细胞的输出误差，而 n_of_e 则表示学习数据的个数。

　　接着，依照图 3.8 的流程，我们来进行代码编写。在图 3.8 的步骤开始之前，我们先进行权重的初始化和学习数据的读入。在权重的初始化中，我们采用 initwo( ) 函数，在数据读取中，我们使用 getdata( ) 函数进行。

```
/*权重的初始化*/
initwo(wo) ;
printweight(wo) ;

/*学习数据的读入*/
n_of_e=getdata(e) ;
```

上面代码中的 printweight( ) 函数是用于输出权重 wo[ ] 的函数。

　　接着，进入学习的主体部分。整个学习的循环，是根据神经网络的误差来进行控制的。若误差值比预先设定的符号常量 LIMIT 大，则学习循环继续；反之，则退出循环。代码如下所示：

```
/*学习*/
while(err>LIMIT){

学习里面的循环
}/*学习停止*/
```

　　学习的主体程序的处理过程本质上是，将各组学习数据在神经网络中计算出输出结果，再将输出结果与期待结果进行比较，然后通过调整权重和阈值使得这个误差越来越小的过程。另外，为了控制学习的循环，也需要求出调整后的网络误差。这些步骤，可以描述如下：

```
err=0.0 ;
for(j=0;j<n_of_e;++j){
 /*依次进行计算*/
 o=forward(wo,e[j]) ;
 /*输出层的权重调整  */
 olearn(wo,e[j],o) ;
 /*误差的平方和*/
 err+=(o-e[j][INPUTNO])*(o-e[j][INPUTNO]) ;
}
++count ;
/*误差的输出*/
printf("%d\t%lf\n",count,err) ;
```

在这里，forward( ) 函数是负责从输入到输出的网络计算函数。forward( ) 函数返回网络输出值 o。

然后，olearn( ) 函数，主要用来调节输出层的权重。olearn( ) 函数用网络的输出值 o 和教师数据来计算误差，根据误差调节权重和阈值。

最后，求出有学习数据的误差的平方和 err，然后，学习的循环次数 count 和 err 一起输出。

至此，nn1. c 程序的 main( ) 函数的主要构成函数基本介绍完毕，nn1. c 程序的主要函数的调用结构如图 3. 12 所示。

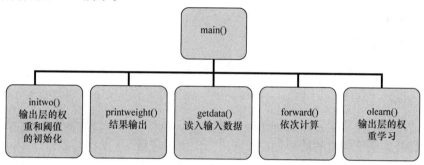

图 3. 12　nn1. c 程序的函数调用结构（模块化构造）

接下来，对图 3. 12 所示的调用到的函数进行说明。首先，在初始化权重和阈值的 initwo( )函数中，通过随机数对数组 wo[ ] 按以下的方式进行初始化。其中，drand( ) 函数是生成 – 1 ~ 1 之间的随机数的函数。

```
for(i=0;i<INPUTNO+1;++i)
  wo[i]=drand() ;
```

而 printweight ( ) 函数将按顺序输出数组 wo[ ] 的内容。

```
for(i=0;i<INPUTNO+1;++i)
 printf("%lf ",wo[i]) ;
printf("\n") ;
```

getdata( ) 函数，依据标准输入读取学习数据集，并保存到数组 e[ ][ ]中。getdata( ) 函数的输出是，返回学习数据的个数。

```
/*数据的输入  */
while(scanf("%lf",&e[n_of_e][j])!=EOF){
 ++ j ;
 if(j>INPUTNO){/*下一个数据*/
  j=0 ;
  ++n_of_e ;
  if(n_of_e>=MAXNO){/*达到输入数的上限*/
```

```
    fprintf(stderr,"输入数已经达到上限\n") ;
    break ;
    }
  }
}
return n_of_e ;
```

forward( ) 函数是，按输入值与权重进行相乘的结果进行合计运算，最后减去阈值，然后，将上面求得的值代入 Sigmoid 函数求出返回值。这个处理可以如下描述：

```
/*输出值o的计算*/
o=0 ;
for(i=0;i<INPUTNO;++i)
 o+=e[i]*wo[i] ;
o-=wo[i] ;/*阈值的处理*/

return s(o) ;
```

最后，输出层的权重学习函数 olearn( ) 函数中，按如下方式计算修正值 d，然后调整各自的权重。另外，关于阈值的处理是，把阈值当作值为常量 -1 的阈值进行学习。

```
d=(e[INPUTNO]-o)*o*(1-o) ;/*误差的计算*/
for(i=0;i<INPUTNO;++i){
 wo[i]+=ALPHA*e[i]*d ;/*权重的学习*/
 }
wo[i]+=ALPHA*(-1.0)*d ;/*阈值的学习*/
```

至此，单个神经细胞的参数学习程序 nn1.c 程序准备完成。根据这些准备，nn1.c 程序源代码如程序清单 3.1 所示。

■ 程序清单 3.1　nn1.c 程序源代码

```
1:/*******************************************************/
2:/*                      nn1.c                          */
3:/*输出层神经细胞的学习                                 */
4:/*  使用方法                                           */
5:/* C:\Users\odaka\ch3>nn1< （学习数据集的文件名）       */
6:/*输出误差值和学习结果的组合系数等                     */
7:/*******************************************************/
8:
9:/*Visual Studio兼容性*/
10:#define _CRT_SECURE_NO_WARNINGS
11:
12:/* 头文件的include*/
13:#include <stdio.h>
14:#include <stdlib.h>
15:#include <math.h>
16:
```

```
17:/*常量定义*/
18:#define INPUTNO 2    /*输入层的细胞数*/
19:#define ALPHA  1     /*学习系数*/
20:#define MAXNO 100    /*学习数据的最大个数*/
21:#define BIGNUM 100   /*误差初始值*/
22:#define LIMIT 0.001  /*误差上限值*/
23:#define SEED 65535   /*随机数种子*/
24://#define SEED 32767  /*随机数种子*/
25:
26:/*函数声明*/
27:void initwo(double wo[INPUTNO+1]) ;/*输出层权重的初始化*/
28:int getdata(double e[][INPUTNO+1]) ; /*学习数据的读入*/
29:double forward(double wo[INPUTNO+1],double e[INPUTNO+1]) ;
30:                                /*依次计算*/
31:void olearn(double wo[INPUTNO+1],double e[INPUTNO+1],
32:                    double o) ; /*输出层权重的学习*/
33:void printweight(double wo[INPUTNO+1]) ; /*结果输出*/
34:double s(double u) ; /*Sigmoid函数*/
35:double drand(void)  ;/*生成-1~1之间的随机数*/
36:
37:/*******************/
38:/*    main()函数 */
39:/*******************/
40:int main()
41:{
42: double wo[INPUTNO+1] ;/*输出层权重*/
43: double e[MAXNO][INPUTNO+1] ;/*学习数据集*/
44: double o ;/*输出*/
45: double err=BIGNUM ;/*误差评估*/
46: int i,j ;/*用于循环控制*/
47: int n_of_e ;/*学习数据的个数*/
48: int count=0 ;/*循环计算器*/
49:
50: /*随机数初始化*/
51: srand(SEED) ;
52:
53: /*权重初始化*/
54: initwo(wo) ;
55: printweight(wo) ;
56:
57: /*学习数据读入*/
58: n_of_e=getdata(e) ;
```

```
59: printf("学习数据的个数:%d\n",n_of_e) ;
60:
61: /*学习*/
62: while(err>LIMIT){
63:  err=0.0 ;
64:  for(j=0;j<n_of_e;++j){
65:   /*依次计算*/
66:   o=forward(wo,e[j]) ;
67:   /*输出层权重调整*/
68:   olearn(wo,e[j],o) ;
69:   /*误差的平方和*/
70:   err+=(o-e[j][INPUTNO])*(o-e[j][INPUTNO]) ;
71:  }
72:  ++count ;
73:  /*误差输出*/
74:  printf("%d\t%lf\n",count,err) ;
75: }/*学习结束*/
76:
77: /*权重输出*/
78: printweight(wo) ;
79:
80: /*学习数据的输出值*/
81: for(i=0;i<n_of_e;++i){
82:  printf("%d ",i) ;
83:  for(j=0;j<INPUTNO+1;++j)
84:   printf("%lf ",e[i][j]) ;
85:  o=forward(wo,e[i]) ;
86:  printf("%lf\n",o) ;
87: }
88:
89: return 0 ;
90:}
91:
92:/*********************/
93:/*    initwo()函数      */
94:/*输出层的权重和阈值的初始化*/
95:/*********************/
96:void initwo(double wo[INPUTNO+1])
97:{
98: int i ;/*用于循环控制*/
99:
100: for(i=0;i<INPUTNO+1;++i)
```

```
101:    wo[i]=drand() ;
102:}
103:
104:/*********************/
105:/*  getdata()函数      */
106:/*读入学习数据*/
107:/*********************/
108:int getdata(double e[][INPUTNO+1])
109:{
110: int n_of_e=0 ;/*数据集个数*/
111: int j=0 ;/*用于循环控制*/
112:
113: /*数据输入*/
114: while(scanf("%lf",&e[n_of_e][j])!=EOF){
115:   ++ j ;
116:   if(j>INPUTNO){/*下一条数据*/
117:    j=0 ;
118:    ++n_of_e ;
119:    if(n_of_e>=MAXNO){/*输入数达到上限*/
120:     fprintf(stderr,"输入数已经达到上限\n") ;
121:     break ;
122:    }
123:   }
124: }
125: return n_of_e ;
126:}
127:
128:/*********************/
129:/*  forward()函数*/
130:/*  依次计算*/
131:/*********************/
132:double forward(double wo[INPUTNO+1],double e[INPUTNO+1])
133:{
134: int i ;/*用于循环控制*/
135: double o ;/*用于输出计算*/
136:
137: /*输出o的计算*/
138: o=0 ;
139: for(i=0;i<INPUTNO;++i)
140:  o+=e[i]*wo[i] ;
141: o-=wo[i] ;/*阈值处理*/
142:
```

```
143: return s(o) ;
144:}
145:
146:/*********************/
147:/*  olearn()函数 */
148:/*  输出层的权重学习 */
149:/*********************/
150:void olearn(double wo[INPUTNO+1],double e[INPUTNO+1],double o)
151:{
152: int i ;/*用于循环控制*/
153: double d ;/*用于权重计算*/
154:
155: d=(e[INPUTNO]-o)*o*(1-o) ;/*误差计算*/
156: for(i=0;i<INPUTNO;++i){
157:  wo[i]+=ALPHA*e[i]*d ;/*权重学习*/
158: }
159: wo[i]+=ALPHA*(-1.0)*d ;/*阈值学习*/
160:}
161:
162:/*********************/
163:/*  printweight()函数 */
164:/*   结果输出  */
165:/*********************/
166:void printweight(double wo[INPUTNO+1])
167:{
168: int i ;/*用于循环控制*/
169:
170: for(i=0;i<INPUTNO+1;++i)
171:  printf("%lf ",wo[i]) ;
172: printf("\n") ;
173:}
174:
175:/*******************/
176:/* s()函数      */
177:/* Sigmoid函数    */
178:/*******************/
179:double s(double u)
180:{
181: return 1.0/(1.0+exp(-u)) ;
182:}
183:
184:/***********************/
185:/* drand()函数       */
186:/*生成-1~1之间的随机数*/
187:/***********************/
188:double drand(void)
```

```
189:{
190: double rndno ;/*生成的随机数*/
191:
192: while((rndno=(double)rand()/RAND_MAX)==1.0) ;
193: rndno=rndno*2-1 ;/*生成-1~1之间的随机数*/
194: return rndno;
195:}
```

nn1.c 程序的执行例子如执行例 3.1 所示。在执行例 3.1 中，首先使用 and.txt 文件中存储的学习数据来进行神经网络学习。学习数据集由具备"逻辑与（AND）"的运算逻辑的学习数据构成。使用 nn1.c 程序，重复进行 9119 次循环之后，误差值达到小于规定值的标准，学习终止。使用学习结束后的神经细胞，对于教师数据（0，1，1，1）的输出为（0.000006，0.017136，0.017142，0.979713）。

执行例 3.1　　nn1.c 程序的执行例子（1）：and.txt 文件学习

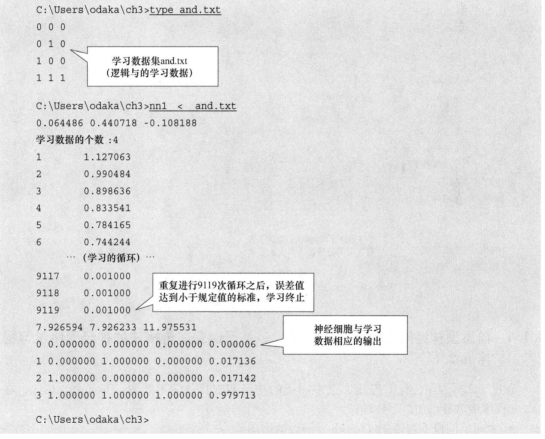

在 nn1.c 程序中，学习对象是一个神经细胞。因此，也存在学习不能顺利进行的情况。在执行例 3.2 中，我们正在尝试对"逻辑异或运算（相同得 0；相异得 1）"进行学习，但

nn1. c 程序中，我们发现了学习不能收敛。这本质上是因为单个的神经细胞对"逻辑异或运算"的模拟能力并不支持，因此，这个学习结果自然不会收敛。

在这样的例子中，仅仅通过单个神经细胞，已经无法解决问题，需要由多个神经细胞构成的新的网络。那么在 3.1.4 节中，我们将介绍另外一个神经网络学习程序 nn2. c。

执行例 3.2　nn1. c 程序的执行例子（2）：eor. txt 文件学习

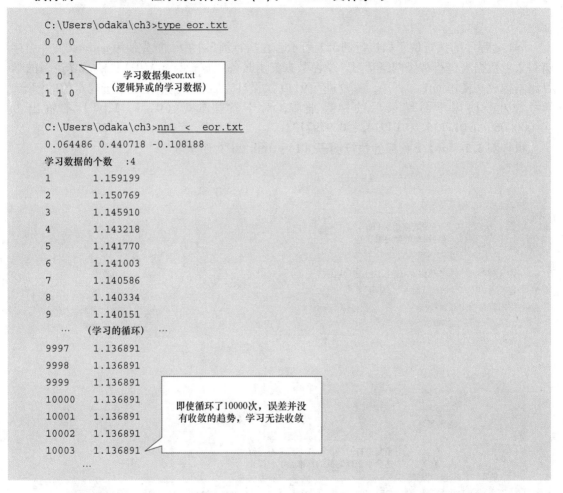

3.1.4　阶层型神经网络的编程实例（2）：基于误差逆传播法的神经网络学习程序 nn2. c

通过 nn2. c 程序，我们想让那个中间层的神经细胞具备学习能力。与 nn1. c 相比，在 nn2. c 程序中需要增加以下处理：

- 中间层的权重初始化（initwh()函数的增加）。
- 从输入到输出的依次计算过程中的中间层相关处理需要增加（forward()函数的变更）。
- 中间层的权重学习（hlearn()函数的增加）。

- 在权重的输出中，增加中间层权重的输出（printweight( )函数的调用方法变更）。

nn2.c 程序的 main( )函数中，将增加与中间层相关的处理。首先，在权重的初始化处理中，添加了负责中间层的权重初始化的 initwh( )函数。

```
/*权重初始化*/
initwh(wh) ;←nn2.c程序的增加点
initwo(wo) ;
printweight(wh,wo) ;
```

另外，在反复学习的过程中，除了输出层的权重的调整之外，还通过 hlearn( )函数对中间层的权重进行调整。

```
/*学习*/
while(err>LIMIT){
 err=0.0 ;
 for(j=0;j<n_of_e;++j){
  /*依次计算*/
  o=forward(wh,wo,hi,e[j]) ;
  /*输出层权重调整*/
  olearn(wo,hi,e[j],o) ;
  /*中间层权重调整*/
  hlearn(wh,wo,hi,e[j],o) ;    ←nn2.c程序的增加点
  /*误差的平方和*/
  err+=(o-e[j][INPUTNO])*(o-e[j][INPUTNO]) ;
 }
 ++count ;
 /*误差输出*/
 printf("%d\t%lf\n",count,err) ;
}/*学习结束*/
```

图 3.13 总结了 nn2.c 程序中的函数调用结构。与 nn1.c 程序相比，在 nn2.c 程序中，新增了与中间层的处理相关的 initwh( )函数和 hlearn( )函数。

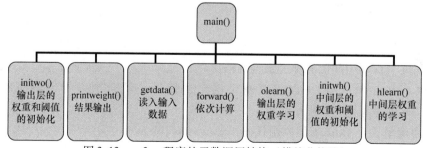

图 3.13　nn2.c 程序的函数调用结构（模块化构造）

在新增的函数中，initwh( )函数是用随机数对中间层的权重和阈值进行初始化的函数。主要的处理逻辑如下：

```
/*  以随机数进行权重初始化*/
 for(i=0;i<HIDDENNO;++i)
  for(j=0;j<INPUTNO+1;++j)
   wh[i][j]=drand() ;
```

其中，符号常量 HIDDENNO 代表中间层的神经细胞个数。另外，数组 wh[ ][ ]保存中间层的重量和阈值。

负责中间层学习的 hlearn( ) 函数，根据 3.1.2 节所示的算法，我们来调整存储在数组 wh[ ][ ]中的权重和阈值。

```
for(j=0;j<HIDDENNO;++j){/*以中间层的各个细胞j为对象*/
 dj=hi[j]*(1-hi[j])*wo[j]*(e[INPUTNO]-o)*o*(1-o) ;
 for(i=0;i<INPUTNO;++i)/* 第i个权重的处理*/
  wh[j][i]+=ALPHA*e[i]*dj ;
 wh[j][i]+=ALPHA*(-1.0)*dj ;/*阈值学习*/
 }
```

除以上新增函数之外，其他函数也相应地添加与中间层相关的处理。例如，在 forward( ) 函数中，中间层的神经细胞的计算处理如下：

```
/*hi的计算*/
for(i=0;i<HIDDENNO;++i){
 u=0  ;/*加权和的计算*/
 for(j=0;j<INPUTNO;++j)
  u+=e[j]*wh[i][j] ;
 u-=wh[i][j] ;/*阈值处理*/
 hi[i]=s(u) ;
}
/*输出o的计算*/
o=0 ;
for(i=0;i<HIDDENNO;++i)
 o+=hi[i]*wo[i] ;
o-=wo[i] ;/*阈值处理*/

return s(o) ;
```

其中，数组 hi[ ]保存中间层的神经细胞的输出。

根据以上的准备，我们可以完成基于误差逆传播法的阶层型神经网络的学习程序 nn2.c。nn2.c 程序源代码如程序清单 3.2 所示。

■ **程序清单 3.2　nn2.c 程序源代码**

```
1:/*******************************************************/
2:/*                  nn2.c                              */
3:/*基于误差逆传播法的神经网络学习程序                    */
```

```
 4:/*  使用方法                                                    */
 5:/*  C:\Users\odaka\ch3>nn2 < （学习数据集的文件名）              */
 6:/*  输出误差值和学习结果的组合系数等                            */
 7:/***************************************************************/
 8:
 9:/*Visual Studio兼容性 */
10:#define _CRT_SECURE_NO_WARNINGS
11:
12:/* 头文件的include*/
13:#include <stdio.h>
14:#include <stdlib.h>
15:#include <math.h>
16:
17:/*常量定义 */
18:#define INPUTNO 2     /*输入层的细胞数*/
19:#define HIDDENNO 2    /*中间层的细胞数*/
20:#define ALPHA   1     /*学习系数*/
21:#define MAXNO 100     /*学习数据的最大个数*/
22:#define BIGNUM 100    /*误差初始值*/
23:#define LIMIT 0.001   /*误差上限值*/
24:#define SEED 65535    /*随机数种子*/
25://#define SEED 32767  /*随机数种子*/
26:
27:/*函数声明*/
28:void initwh(double wh[HIDDENNO][INPUTNO+1]) ;
29:                             /*中间层权重的初始化  */
30:void initwo(double wo[HIDDENNO+1]) ;/*输出层权重的初始化*/
31:int getdata(double e[][INPUTNO+1]) ; /*学习数据的读入*/
32:double forward(double wh[HIDDENNO][INPUTNO+1]
33:        ,double wo[HIDDENNO+1],double hi[]
34:        ,double e[INPUTNO+1]) ; /*依次计算*/
35:void olearn(double wo[HIDDENNO+1],double hi[]
36:        ,double e[INPUTNO+1],double o) ; /*输出层权重的学习 */
37:void hlearn(double wh[HIDDENNO][INPUTNO+1]
38:        ,double wo[HIDDENNO+1],double hi[]
39:        ,double e[INPUTNO+1],double o) ; /*中间层权重的学习 */
40:void printweight(double wh[HIDDENNO][INPUTNO+1]
41:         ,double wo[HIDDENNO+1]) ; /*结果输出 */
42:double s(double u) ; /*Sigmoid函数*/
43:double drand(void) ;/*生成-1~1之间的随机数*/
44:
45:/*********************/
46:/*    main()函数   */
```

```
47:/********************/
48:int main()
49:{
50: double wh[HIDDENNO][INPUTNO+1] ;/*中间层权重*/
51: double wo[HIDDENNO+1] ;/*输出层权重*/
52: double e[MAXNO][INPUTNO+1] ;/*学习数据集*/
53: double hi[HIDDENNO+1] ;/*中间层输出*/
54: double o ;/*输出*/
55: double err=BIGNUM ;/*误差评估*/
56: int i,j ;/*用于循环控制*/
57: int n_of_e ;/*学习数据的个数*/
58: int count=0 ;/*循环计算器*/
59:
60: /*随机数初始化*/
61: srand(SEED) ;
62:
63: /*权重初始化*/
64: initwh(wh) ;
65: initwo(wo) ;
66: printweight(wh,wo) ;
67:
68: /*学习数据读入*/
69: n_of_e=getdata(e) ;
70: printf("学习数据的个数   :%d\n",n_of_e) ;
71:
72: /*学习*/
73: while(err>LIMIT){
74:  err=0.0 ;
75:  for(j=0;j<n_of_e;++j){
76:   /*依次计算    */
77:   o=forward(wh,wo,hi,e[j]) ;
78:   /*输出层权重调整   */
79:   olearn(wo,hi,e[j],o) ;
80:   /*中间层权重调整   */
81:   hlearn(wh,wo,hi,e[j],o) ;
82:   /*误差的平方和*/
83:   err+=(o-e[j][INPUTNO])*(o-e[j][INPUTNO]) ;
84:  }
85:  ++count ;
86:  /*误差输出*/
87:  printf("%d\t%lf\n",count,err) ;
88: }/*学习结束*/
```

```
 89:
 90: /*权重输出*/
 91: printweight(wh,wo) ;
 92:
 93: /*学习数据的输出值*/
 94: for(i=0;i<n_of_e;++i){
 95:  printf("%d ",i) ;
 96:  for(j=0;j<INPUTNO+1;++j)
 97:   printf("%lf ",e[i][j]) ;
 98:  o=forward(wh,wo,hi,e[i]) ;
 99:  printf("%lf\n",o) ;
100: }
101:
102: return 0 ;
103:}
104:
105:/*********************/
106:/*    initwh()函数 */
107:/*中间层的权重和阈值的初始化*/
108:/*********************/
109:void initwh(double wh[HIDDENNO][INPUTNO+1])
110:{
111: int i,j ;/*用于循环控制*/
112:
113:/*以随机数进行权重初始化*/
114: for(i=0;i<HIDDENNO;++i)
115:  for(j=0;j<INPUTNO+1;++j)
116:   wh[i][j]=drand() ;
117:}
118:
119:/*********************/
120:/*    initwo()函数*/
121:/*输出层的权重和阈值的初始化 */
122:/*********************/
123:void initwo(double wo[HIDDENNO+1])
124:{
125: int i ;/*用于循环控制*/
126:
127: for(i=0;i<HIDDENNO+1;++i)
128:  wo[i]=drand() ;
129:}
130:
131:/*********************/
```

```
132:/*  getdata()函数       */
133:/*读入学习数据           */
134:/*********************/
135:int getdata(double e[][INPUTNO+1])
136:{
137: int n_of_e=0 ;/*数据集个数*/
138: int j=0 ;/*用于循环控制*/
139:
140: /*数据输入*/
141: while(scanf("%lf",&e[n_of_e][j])!=EOF){
142:  ++ j ;
143:  if(j>INPUTNO){/*下一条数据*/
144:   j=0 ;
145:   ++n_of_e ;
146:   if(n_of_e>=MAXNO){/*输入数达到上限*/
147:    fprintf(stderr,"输入数已经达到上限\n") ;
148:    break ;
149:   }
150:  }
151: }
152: return n_of_e ;
153:}
154:
155:/*********************/
156:/*  forward()函数       */
157:/*   依次计算          */
158:/*********************/
159:double forward(double wh[HIDDENNO][INPUTNO+1]
160: ,double wo[HIDDENNO+1],double hi[],double e[INPUTNO+1])
161:{
162: int i,j ;/*用于循环控制  */
163: double u ;/*用于加权和的计算*/
164: double o ;/*用于输出计算*/
165:
166: /*hi的计算*/
167: for(i=0;i<HIDDENNO;++i){
168:  u=0 ;/*加权和的计算*/
169:  for(j=0;j<INPUTNO;++j)
170:   u+=e[j]*wh[i][j] ;
171:  u-=wh[i][j] ;/*阈值处理*/
172:  hi[i]=s(u) ;
173: }
```

```
174: /*输出o的计算*/
175: o=0 ;
176: for(i=0;i<HIDDENNO;++i)
177:   o+=hi[i]*wo[i] ;
178: o-=wo[i] ;/*阈值处理*/
179:
180: return s(o) ;
181:}
182:
183:/*********************/
184:/*  olearn()函数       */
185:/* 输出层的权重学习      */
186:/*********************/
187:void olearn(double wo[HIDDENNO+1]
188:    ,double hi[],double e[INPUTNO+1],double o)
189:{
190: int i ;/*用于循环控制*/
191: double d ;/*用于权重计算*/
192:
193: d=(e[INPUTNO]-o)*o*(1-o) ;/*误差计算*/
194: for(i=0;i<HIDDENNO;++i){
195:   wo[i]+=ALPHA*hi[i]*d ;/*权重学习*/
196: }
197: wo[i]+=ALPHA*(-1.0)*d ;/*阈值学习*/
198:}
199:
200:/*********************/
201:/*  hlearn()函数       */
202:/* 中间层的权重学习      */
203:/*********************/
204:void hlearn(double wh[HIDDENNO][INPUTNO+1],double wo[HIDDENNO+1]
205:                  ,double hi[],double e[INPUTNO+1],double o)
206:{
207: int i,j ;/*用于循环控制  */
208: double dj ;/*用于权重计算*/
209:
210: for(j=0;j<HIDDENNO;++j){/*以中间层的各个细胞j为对象*/
211:   dj=hi[j]*(1-hi[j])*wo[j]*(e[INPUTNO]-o)*o*(1-o) ;
212:   for(i=0;i<INPUTNO;++i)/*第i个权重的处理*/
213:     wh[j][i]+=ALPHA*e[i]*dj ;
```

```
214:  wh[j][i]+=ALPHA*(-1.0)*dj ;/*阈值学习*/
215: }
216:}
217:
218:/**********************/
219:/*  printweight()函数  */
220:/*   结果输出          */
221:/**********************/
222:void printweight(double wh[HIDDENNO][INPUTNO+1]
223:                              ,double wo[HIDDENNO+1])
224:{
225: int i,j ;/* 用于循环控制 */
226:
227: for(i=0;i<HIDDENNO;++i)
228:  for(j=0;j<INPUTNO+1;++j)
229:   printf("%lf ",wh[i][j]) ;
230: printf("\n") ;
231: for(i=0;i<HIDDENNO+1;++i)
232:  printf("%lf ",wo[i]) ;
233: printf("\n") ;
234:}
235:
236:/******************/
237:/* s()函数         */
238:/* Sigmoid函数     */
239:/******************/
240:double s(double u)
241:{
242: return 1.0/(1.0+exp(-u)) ;
243:}
244:
245:/***********************/
246:/* drand()函数          */
247:/*生成-1~1之间的随机数   */
248:/***********************/
249:double drand(void)
250:{
251: double rndno ;/*生成的随机数*/
252:
253: while((rndno=(double)rand()/RAND_MAX)==1.0) ;
254: rndno=rndno*2-1 ;/*生成-1~1之间的随机数*/
255: return rndno;
256:}
```

nn2. c 程序的执行例子参照执行例 3.3。在执行例 3.3 中，我们对 nn1. c 程序中无法学习的数据 eor. txt 进行介绍。

执行例 3.3　　nn2. c 程序的执行例子：eor. txt 文件学习

```
C:\Users\odaka\ch3>nn2  <  eor.txt      ┌─ 逻辑异或和学习数据集eor.txt
0.064486 0.440718 -0.108188 0.934996 -0.791437 0.399884
-0.875362 0.049715 0.991211
学习数据的个数   :4
1       1.398376
2       1.306406
3       1.229319
4       1.174481
5       1.140462
6       1.121241
7       1.110940
8       1.105547
      …   （学习的循环）    …
5703    0.001001
5704    0.001001
5705    0.001001
5706    0.001001
5707    0.001000
5708    0.001000          ┌─ nn1.c程序无法学习，
5709    0.001000          │  eor.txt数据的学习正在收敛
6.041585 -5.823073 -2.913881 6.314109 -6.413434 3.419263
-9.392638 9.615447 -4.476594
0 0.000000 0.000000 0.000000 0.015863
1 0.000000 1.000000 1.000000 0.981863
2 1.000000 0.000000 1.000000 0.985178
3 1.000000 1.000000 0.000000 0.014109

C:\Users\odaka\ch3>
```

另外，执行例 3.3 是在 Windows 10 上用 MinGW 环境的 gcc 编译器进行编译和执行的。运行环境不同，学习过程也有可能出现不同的情况，极端的情况下也存在学习不能收敛的可能性。这是因为神经网络具有一定的随机性导致的，同时，因为随机数的生成方式不同可能导致学习过程也不同。

如第 2 章所述，C 语言的标准库中的 rand( ) 函数并不是真正意义的随机数函数，同时，生成随机数的算法的效果在很大程度上还依赖实际调用的代码环境，即使使用相同的源代码，也可能会因为调用环境的不同而导致结果不同。因此，运行环境不同，也有可能导致同一程序在不同环境下，有的能够顺利完成学习，有的则不能顺利完成学习。

如果学习不顺利，我们就需要调整与学习相关的参数。表 3.3 中列举出了与学习相关的主要参数。如果学习不顺利，请试着调整这些参数。

表 3.3 与学习相关的主要参数

项目	相关的符号常量	说明
随机数种子	SEED	在生成随机数时，为 srand（）函数准备的常量。这个值一旦改变，生成的随机数序列也会随之改变
学习系数	ALPHA	决定学习速度的学习系数。这个值越大学习速度越快，但是，如果这个值太大，有可能导致学习无法收敛
误差的上限值	LIMIT	决定学习结束与否的误差上限值。误差上限值越小，神经网络的输出误差越小，但是，如果这个值太小，有可能导致学习无法收敛

3.1.5 阶层型神经网络的编程实例（3）：具有多个输出的神经网络学习程序 nn3. c

到目前为止，我们处理的阶层型神经网络输出层的神经细胞都只有一个。然而，在一般的神经网络中，输出层可以配置多个神经细胞。因此，我们接下来要考虑可以处理多个输出的神经网络学习程序 nn3. c 如何实现。

nn2. c 程序和 nn3. c 程序的不同之处在于，输出层的神经细胞是一个或多个的区别。如图 3.14 所示，我们可以看到 nn3. c 程序处理的对象是输出层有多个神经细胞的阶层型神经网络。

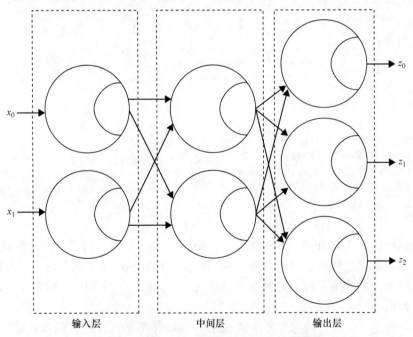

图 3.14 输出层有多个神经细胞的阶层型神经网络的例子

在图 3.14 的神经网络中，一共有 2 个输入和 3 个输出。要学习这个网络，需要逐个对输出层的神经细胞的权重进行学习。除此之外，多输出的阶层型神经网络的学习，与单个输出的阶层型神经网络的学习基本相同。

为了完成 nn3.c 程序的编码，我们需要在 nn2.c 程序的基础上进行一些代码调整。首先，由于输出层的神经细胞多了，那么我们需要定义一个表示输出层的神经细胞数量的符号常量 OUTPUTNO。因此，代码中添加如下：

```
#define OUTPUTNO 4   /*输出层的细胞数*/
```

接下来，由于输出层的神经细胞是多个，需要将输出层的权重保存在数组 wo[ ]中。

```
double wo[HIDDENNO+1] ;/*输出层的权重*/
```
↓
```
double wo[OUTPUTNO][HIDDENNO+1] ;/*输出层的权重*/
```

同时，将保存输出值的变量 o 扩展到多个。

```
double o ;/*输出*/
```
↓
```
double o[OUTPUTNO]   ;/*输出*/
```

而且，学习数据集中的教师数据也只需要与输出层的神经细胞数量进行对应。与此相对应的是，需要增加存储数据集的数组 e[ ][ ]的数量。

```
double e[MAXNO][INPUTNO+1] ;/*学习数据集*/
```
↓
```
double e[MAXNO][INPUTNO+OUTPUTNO] ;/*学习数据集*/
```

接下来，考虑处理步骤的变更。基本上，我们从 nn2.c 程序扩展到 nn3.c 程序的过程中，对于输出层的神经细胞的相关处理只需从一次改成循环即可，无须增加新的函数调用。需要变更的函数如下：

```
void initwo(double wo[HIDDENNO+1]) ;/*输出层的权重初始化*/
```
↓
```
void initwo(double wo[OUTPUTNO][HIDDENNO+1]) ;  /*输出层的权重初始化*/
```

```
int getdata(double e[][INPUTNO+1]) ; /*学习数据的读入*/
```
↓
```
int getdata(double e[][INPUTNO+OUTPUTNO]) ; /*学习数据的读入*/
```

```
double forward(double wh[HIDDENNO][INPUTNO+1]
        ,double wo[HIDDENNO+1],double hi[]
        ,double e[INPUTNO+1]) ; /*依次计算*/
```
↓
```
double forward(double wh[HIDDENNO][INPUTNO+1]
        ,double [HIDDENNO+1],double hi[]
```

```
                ,double e[INPUTNO+OUTPUTNO]) ; /*依次计算*/

void olearn(double wo[HIDDENNO+1],double hi[]
          ,double e[INPUTNO+1],double o) ; /*输出层的权重学习*/
          ↓
void olearn(double wo[HIDDENNO+1],double hi[]
          ,double e[INPUTNO+OUTPUTNO],double o,int k) ;
                                /*输出层的权重学习*/

void printweight(double wh[HIDDENNO][INPUTNO+1]
          ,double wo[HIDDENNO+1]) ; /*结果输出*/
          ↓
void printweight(double wh[HIDDENNO][INPUTNO+1]
          ,double wo[OUTPUTNO][HIDDENNO+1]) ; /*结果输出*/
```

据此，我们可以通过修改代码写出 nn3.c 程序的代码，如程序清单 3.3 所示。

■ **程序清单 3.3　　nn3.c 程序源代码**

```
 1:/********************************************************/
 2:/*                    nn3.c                            */
 3:/* 基于误差逆传播法的神经网络学习程序                    */
 4:/* 输出层由多个神经细胞构成的例子                        */
 5:/* 使用方法                                            */
 6:/* C:\Users\odaka\ch3>nn3 < （学习数据集的文件名）       */
 7:/* 输出误差值和学习结果的组合系数等                      */
 8:/********************************************************/
 9:
10:/*Visual Studio 兼容性*/
11:#define _CRT_SECURE_NO_WARNINGS
12:
13:/*头文件的include*/
14:#include <stdio.h>
15:#include <stdlib.h>
16:#include <math.h>
17:
18:/*常量定义*/
19:#define INPUTNO 2     /* 输入层的细胞数 */
20:#define HIDDENNO 2    /* 中间层的细胞数 */
21:#define OUTPUTNO 3    /* 输出层的细胞数 */
22:#define ALPHA  1      /*学习系数*/
23:#define MAXNO 100     /* 学习数据的最大个数 */
24:#define BIGNUM 100    /*误差初始值*/
25:#define LIMIT 0.001   /*误差上限值  */
26://#define SEED 65535  /* 随机数种子*/
```

```
27:#define SEED 32767   /*随机数种子*/
28:
29:/*函数声明*/
30:void initwh(double wh[HIDDENNO][INPUTNO+1]) ;
31:                        /*中间层权重的初始化*/
32:void initwo(double wo[OUTPUTNO][HIDDENNO+1]) ;
33:                            /*输出层权重的初始化*/
34:int getdata(double e[][INPUTNO+OUTPUTNO]) ; /*学习数据的读入*/
35:double forward(double wh[HIDDENNO][INPUTNO+1]
36:        ,double [HIDDENNO+1],double hi[]
37:        ,double e[INPUTNO+OUTPUTNO]) ; /*依次计算*/
38:void olearn(double wo[HIDDENNO+1],double hi[]
39:        ,double e[INPUTNO+OUTPUTNO],double o,int k) ;
40:                            /*输出层权重的学习*/
41:void hlearn(double wh[HIDDENNO][INPUTNO+1]
42:        ,double wo[HIDDENNO+1],double hi[]
43:        ,double e[INPUTNO+OUTPUTNO],double o,int k) ;
44:                            /*中间层权重的学习*/
45:void printweight(double wh[HIDDENNO][INPUTNO+1]
46:        ,double wo[OUTPUTNO][HIDDENNO+1]) ; /*结果输出*/
47:double s(double u) ; /*Sigmoid函数*/
48:double drand(void) ;/*生成-1~1之间的随机数*/
49:
50:/******************/
51:/*    main()函数    */
52:/******************/
53:int main()
54:{
55: double wh[HIDDENNO][INPUTNO+1] ;/*中间层权重*/
56: double wo[OUTPUTNO][HIDDENNO+1] ;/*输出层权重*/
57: double e[MAXNO][INPUTNO+OUTPUTNO] ;/*学习数据集*/
58: double hi[HIDDENNO+1] ;/*中间层输出*/
59: double o[OUTPUTNO]  ;/*输出*/
60: double err=BIGNUM ;/*误差评估*/
61: int i,j ;/*用于循环控制*/
62: int n_of_e ;/*学习数据的个数*/
63: int count=0 ;/*循环计算器*/
64:
65: /*随机数初始化*/
66: srand(SEED) ;
67:
68: /*权重初始化*/
```

```
69: initwh(wh) ;
70: initwo(wo) ;
71: printweight(wh,wo) ;
72:
73: /*学习数据读入*/
74: n_of_e=getdata(e) ;
75: printf("学习数据的个数  :%d\n",n_of_e) ;
76:
77: /*学习*/
78: while(err>LIMIT){
79:   /*第i输出层*/
80:   for(i=0;i<OUTPUTNO;++i){
81:    err=0.0 ;
82:    for(j=0;j<n_of_e;++j){
83:      /*依次计算*/
84:      o[i]=forward(wh,wo[i],hi,e[j]) ;
85:      /*输出层权重调整*/
86:      olearn(wo[i],hi,e[j],o[i],i) ;
87:      /*中间层权重调整*/
88:      hlearn(wh,wo[i],hi,e[j],o[i],i) ;
89:      /*误差的平方和*/
90:      err+=(o[i]-e[j][INPUTNO+i])*(o[i]-e[j][INPUTNO+i]) ;
91:    }
92:    ++count ;
93:    /*误差输出*/
94:    printf("%d\t%lf\n",count,err) ;
95:   }
96: }/*学习结束*/
97:
98: /*权重输出*/
99: printweight(wh,wo) ;
100:
101: /*学习数据的输出值*/
102: for(i=0;i<n_of_e;++i){
103:  printf("%d\n",i) ;
104:  for(j=0;j<INPUTNO;++j)
105:    printf("%lf ",e[i][j]) ;/*学习数据*/
106:  printf("\n") ;
107:  for(j=INPUTNO;j<INPUTNO+OUTPUTNO;++j)/*教师数据*/
108:    printf("%lf ",e[i][j]) ;
109:  printf("\n") ;
110:  for(j=0;j<OUTPUTNO;++j)/*网络输出*/
```

```
111:    printf("%lf ",forward(wh,wo[j],hi,e[i])) ;
112:  printf("\n") ;
113: }
114:
115: return 0 ;
116:}
117:
118:/*********************/
119:/*    initwh()函数    */
120:/*中间层的权重和阈值的初始化*/
121:/*********************/
122:void initwh(double wh[HIDDENNO][INPUTNO+1])
123:{
124: int i,j ;/*用于循环控制*/
125:
126:/* 以随机数进行权重初始化*/
127: for(i=0;i<HIDDENNO;++i)
128:   for(j=0;j<INPUTNO+1;++j)
129:    wh[i][j]=drand() ;
130:}
131:
132:/*********************/
133:/*    initwo()函数    */
134:/*输出层的权重和阈值的初始化*/
135:/*********************/
136:void initwo(double wo[OUTPUTNO][HIDDENNO+1])
137:{
138: int i,j ;/*用于循环控制*/
139:
140:/*用随机数对权重进行初始化*/
141: for(i=0;i<OUTPUTNO;++i)
142:   for(j=0;j<HIDDENNO+1;++j)
143:    wo[i][j]=drand() ;
144:}
145:
146:/*********************/
147:/*  getdata()函数    */
148:/*读入学习数据*/
149:/*********************/
150:int getdata(double e[][INPUTNO+OUTPUTNO])
151:{
152: int n_of_e=0 ;/*数据集个数*/
```

```
153: int j=0 ;/*用于循环控制*/
154:
155: /*数据输入*/
156: while(scanf("%lf",&e[n_of_e][j])!=EOF){
157:   ++ j ;
158:   if(j>=INPUTNO+OUTPUTNO){/*下一条数据*/
159:     j=0 ;
160:     ++n_of_e ;
161:     if(n_of_e>=MAXNO){/*输入数达到上限*/
162:       fprintf(stderr,"输入数已经达到上限\n") ;
163:       break ;
164:     }
165:   }
166: }
167: return n_of_e ;
168:}
169:
170:/********************/
171:/*  forward()函数      */
172:/*   依次计算          */
173:/********************/
174:double forward(double wh[HIDDENNO][INPUTNO+1]
175: ,double wo[HIDDENNO+1],double hi[],double e[])
176:{
177: int i,j ;/* 用于循环控制 */
178: double u ;/*用于加权和的计算*/
179: double o ;/*用于输出计算*/
180:
181: /*hi的计算*/
182: for(i=0;i<HIDDENNO;++i){
183:   u=0 ;/*加权和的计算*/
184:   for(j=0;j<INPUTNO;++j)
185:     u+=e[j]*wh[i][j] ;
186:   u-=wh[i][j] ;/*阈值处理*/
187:   hi[i]=s(u) ;
188: }
189: /*输出o的计算*/
190: o=0 ;
191: for(i=0;i<HIDDENNO;++i)
192:   o+=hi[i]*wo[i] ;
```

```
193: o-=wo[i] ;/*阈值处理*/
194:
195: return s(o) ;
196:}
197:
198:/*********************/
199:/*  olearn()函数       */
200:/*   输出层的权重学习    */
201:/*********************/
202:void olearn(double wo[HIDDENNO+1]
203:    ,double hi[],double e[],double o,int k)
204:{
205: int i ;/* 用于循环控制*/
206: double d ;/*用于权重计算*/
207:
208: d=(e[INPUTNO+k]-o)*o*(1-o) ;/*误差计算*/
209: for(i=0;i<HIDDENNO;++i){
210:  wo[i]+=ALPHA*hi[i]*d ;/*权重学习*/
211: }
212: wo[i]+=ALPHA*(-1.0)*d ;/*阈值学习*/
213:}
214:
215:/*********************/
216:/*  hlearn()函数       */
217:/*   中间层的权重学习    */
218:/*********************/
219:void hlearn(double wh[HIDDENNO][INPUTNO+1],double wo[HIDDENNO+1]
220:                ,double hi[],double e[],double o,int k)
221:{
222: int i,j ;/*用于循环控制*/
223: double dj ;/*用于权重计算*/
224:
225: for(j=0;j<HIDDENNO;++j){/*以中间层的各个细胞j为对象*/
226:  dj=hi[j]*(1-hi[j])*wo[j]*(e[INPUTNO+k]-o)*o*(1-o) ;
227:  for(i=0;i<INPUTNO;++i)/*第i个权重的处理*/
228:   wh[j][i]+=ALPHA*e[i]*dj ;
229:  wh[j][i]+=ALPHA*(-1.0)*dj ;/*阈值学习*/
230: }
231:}
232:
233:/*********************/
234:/*  printweight()函数 */
```

```
235:/*      结果输出      */
236:/*********************/
237:void printweight(double wh[HIDDENNO][INPUTNO+1]
238:                 ,double wo[OUTPUTNO][HIDDENNO+1])
239:{
240: int i,j ;/*用于循环控制*/
241:
242: for(i=0;i<HIDDENNO;++i)
243:   for(j=0;j<INPUTNO+1;++j)
244:    printf("%lf ",wh[i][j]) ;
245: printf("\n") ;
246: for(i=0;i<OUTPUTNO;++i){
247:   for(j=0;j<HIDDENNO+1;++j)
248:    printf("%lf ",wo[i][j]) ;
249: }
250: printf("\n") ;
251:}
252:
253:/******************/
254:/* s()函数        */
255:/*   Sigmoid函数   */
256:/******************/
257:double s(double u)
258:{
259: return 1.0/(1.0+exp(-u)) ;
260:}
261:
262:/***********************/
263:/* drand()函数         */
264:/*生成-1~1之间的随机数  */
265:/***********************/
266:double drand(void)
267:{
268: double rndno ;/*生成的随机数*/
269:
270: while((rndno=(double)rand()/RAND_MAX)==1.0) ;
271: rndno=rndno*2-1 ;/*生成-1~1之间的随机数*/
272: return rndno;
273:}
```

nn3.c 程序的执行例子如执行例 3.4 所示。

执行例 3.4 nn3.c 程序的执行例子

```
C:\Users\odaka\ch3>type nn3data1.txt
0 0 0 0 0
0 1 0 1 1
1 0 0 1 1
1 1 1 1 0

C:\Users\odaka\ch3>nn3 < nn3data1.txt
-0.466720 -0.372112 -0.451155 0.307535 0.059786 0.940184
0.222633 0.599475 -0.189367 -0.891781 -0.446028 0.805780 -0.530137
0.659413 -0.776177
学习数据的个数:4
1        1.253527
2        1.829688
3        1.173873
         …（学习的循环）…
16379    0.000533
16380    0.001000
16381    0.000548
16382    0.000533
16383    0.001000
-6.701768 -6.709485 -2.981168 5.655598 5.655622 8.549975
-5.190002 9.476241 4.727411 -9.019273 3.789144 -4.375931 -9.470118
-9.534040 -4.808095
0
0.000000 0.000000
0.000000 0.000000 0.000000
0.000063 0.014671 0.014678
1
0.000000 1.000000
0.000000 1.000000 1.000000
0.012713 0.987419 0.983470
2
1.000000 0.000000
0.000000 1.000000 1.000000
0.012701 0.987399 0.983443
3
1.000000 1.000000
1.000000 1.000000 0.000000
0.985010 0.999644 0.015377

C:\Users\odaka\ch3>
```

2个输入、3个输出的逻辑运算（逻辑与、逻辑或、逻辑异或）

经过16383次循环，学习收敛

输入（0,0）的输出

输入（0,1）的输出

输入（1,0）的输出

输入（1,1）的输出

在执行例 3.4 中，学习对象是 nn3data1.txt 中的学习数据文件，文件中存放的数据是包含 2 个输入和 3 个输出的学习数据集。存在文件中的学习数据集是将图 3.15 所示的 3 种逻辑运算的输入分配给输出侧的每一个神经细胞。在执行例 3.4 中，每个输入数据对应的 3 个逻辑运算结果可以一次性地从神经网络中输出。

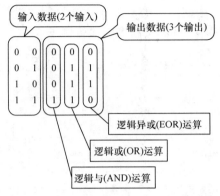

图 3.15　学习数据集 nn3data1.txt 的内容

3.2　基于卷积神经网络的学习

在本节中，我们开始介绍深度学习中经常使用的卷积神经网络的编程。同样的方式，我们将在前面介绍的阶层型神经网络程序的基础上，进行修改，编写卷积神经网络的学习程序。

3.2.1　卷积神经网络的算法

我们在第 1 章中已经介绍了卷积神经网络的基本概念，我们来回顾一下。卷积神经网络主要由多组成对出现的卷积层和池化层组成。其中卷积层负责将图像的特定特征信息提取出来，而池化层则负责将除图像以外的所有特征信息提取出来。

卷积神经网络的构造如图 3.16 所示。卷积神经网络由多组卷积层和池化层，以及全连接型的神经网络构成。

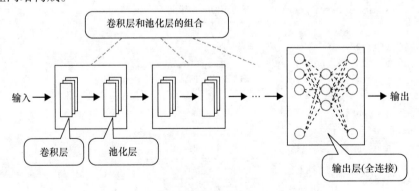

图 3.16　卷积神经网络的构造（示例）

在图 3.16 的卷积层中，用于提取图像特征的局部过滤器，在输入图像全部范围内使用。这里"局部过滤器"主要的机制是，提取出输入图像的一部分像素，各像素乘以某个系数后，对这些相乘的结果进行相加。

例如，在图 3.17 中，对于作为输入图像某一部分的 3×3 像素区域，我们使用同一像素大小的 3×3 的过滤器。图中的过滤器，系数 1 垂直排列，此外部分的系数为 0。将该过滤器应用于输入图像的一部分，然后只取出该区域中所包含的垂直方向成分，最后输出它们的合计值。结果，可以求出代表在这个区域中包含了多少垂直方向成分的数值。

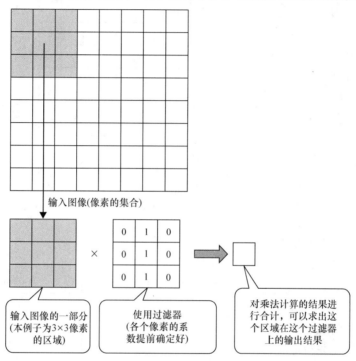

图 3.17 局部过滤器的应用

图 3.17 是提取垂直方向成分的过滤器的例子，通过适当地设定过滤系数，可以提取输入图像中所包含的各种特征。

在卷积神经网络上，准备多个这样的过滤器，同时对输入图像进行使用，就可以提取出输入图像中包含的各种各样的特征。

在图 3.17 中只对输入图像的一部分进行了过滤，但是作为卷积神经网络整体处理而言，相当于把过滤器应用于整个输入图像。此时，因为过滤器比输入图像要小，所以使用过滤器的区域用像素一一错开，最终遍历整个输入图像，求出过滤器的输出结果。这样，将同样的过滤器应用于输入图像的操作被称为卷积。

图 3.18 为卷积处理的例子。图 3.18 中，对 8×8 像素构成的输入图像，使用了 3×3 像素的过滤器。应用一次过滤器会输出一个数值。在图 3.18 的例子中，将过滤器从图像的左上向右下按顺序进行应用，纵横一共使用 36 次过滤器。最终，卷积处理的结果得到了 6×6

像素的图像。通过这样的方式，在某个输入图像上进行卷积处理后，将输出比输入图像更小的特征图像，特征图像的大小与过滤器的大小有关系。

在卷积神经网络上，对输入图像进行卷积处理之后，将进行池化处理。在池化处理中，将对输入图像进行压缩，保持其特征的同时，将输入图像转换为更小的图像并输出。这个转换处理的算法与卷积的算法非常类似。简单来说，基本上是在整个图像中循环进行某个提取信息的操作，这个操作主要是在局部区域中提取代表其区域的数值。

池化操作方法有很多，图 3.19 所示是基于平均值池化的池化处理的例子。图中，输入图像的局部区域（2×2）被取出，然后以平均值作为代表值输出。这个操作在图像的全范围内实施，最终输出了一个比输入图像小的输出图像。

在卷积神经网络上，对输入图像循环进行卷积和池化操作的同时，用不同的过滤器并行地进行操作，结果将导致整个网络的规模非常庞大。但是，由于卷积和池化的处理，只是重复相同的操作，处理

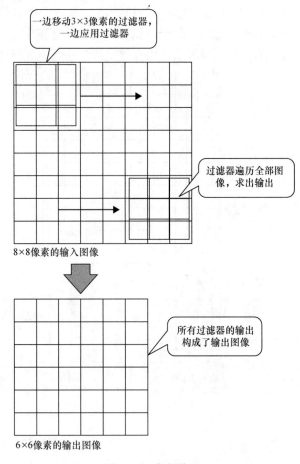

图 3.18　卷积处理

本身非常简单。而且与全连接型神经网络相比，基于过滤器的卷积处理的神经网络学习的参数数量非常少，因此，学习成本也不会太高。

3.2.2　卷积神经网络的编程实例

那么，接下来我们来介绍卷积神经网络的编程。在此，我们可以在前面介绍的全连接的阶层型神经网络程序 nn3.c 的基础上增加卷积和池化的操作，编写新的卷积神经网络的学习程序 nn4.c。

图 3.20 是我们即将在 nn4.c 程序中实现的卷积神经网络的构造。在 nn4.c 程序中，只进行了一次卷积和池化的神经网络，这是最简单的卷积神经网络。在学习方面，卷积神经网络络的过滤器的参数为固定值，只进行全连接层的学习。

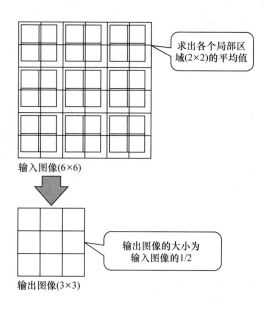

输入图像(6×6)

求出各个局部区域(2×2)的平均值

输出图像(3×3)

输出图像的大小为输入图像的1/2

图 3.19　基于平均值池化的池化处理的例子

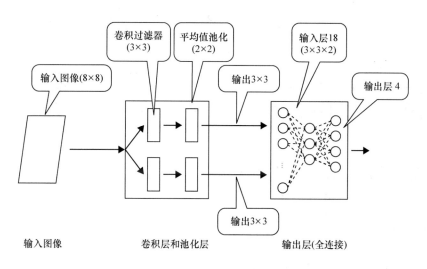

卷积过滤器(3×3)

平均值池化(2×2)

输入层18(3×3×2)

输入图像(8×8)

输出3×3

输出层4

输出3×3

输入图像　　　　卷积层和池化层　　　　输出层(全连接)

图 3.20　nn4.c 程序处理的卷积神经网络的构造

我们在 nn3.c 程序的基础上进行扩展，加入卷积和池化的处理。首先考虑卷积的运算，在输入图像的所有区域中应用卷积过滤器，并将应用的结果作为过滤器的输出。卷积运算的结果的输出数据要比输入数据小一大圈。

接下来，我们来考虑卷积运算的具体处理方法。由于卷积过滤器的处理对象是整个输入数据，所以可以通过以下的循环处理来实现。

```
int i=0,j=0 ;/*用于循环控制*/
int startpoint=F_SIZE/2 ;/*卷积范围的下限 */

for(i=startpoint;i<IMAGESIZE-startpoint;++i)
 for(j=startpoint;j<IMAGESIZE-startpoint;++j)
  convout[i][j]=calcconv(filter,e,i,j) ;
```

在此，符号常量 IMAGESIZE 是输入数据图像的一边的大小，符号常量 F_ SIZE 是过滤器一边的大小。因此，上述的循环处理是在过滤器不会越出输入图像的边界的同时，将过滤器和输入图像重叠在一起进行的。

calcconv( )函数是负责局部进行卷积运算的函数。简单而言就是，以输入图像的像素（i，j）为中心，使用卷积过滤器进行计算并返回输出。calcconv( )函数的处理，可以描述如下：

```
for(m=0;m<F_SIZE;++m)
 for(n=0;n<F_SIZE;++n)
  sum+=e[i-F_SIZE/2+m][j-F_SIZE/2+n]*filter[m][n] ;
```

其中，变量 sum 用于存放卷积运算的结果的合计值，sum 的最终结果将作为 calcconv( )函数的返回值。

接下来，我们来考虑池化处理的编码。在这里我们考虑的平均值池化是，提取输入数据中适当大小的区域，求出该区域的平均值并进行输出。

在 nn4. c 程序中，池化区域是 2×2 的 4 个像素的大小。此操作的循环处理如下所示：

```
for(i=0;i<POOLOUTSIZE;++i)
 for(j=0;j<POOLOUTSIZE;++j)
  poolout[i][j]=calcpooling(convout,i*2+1,j*2+1) ;
```

其中，calcpooling( )的作用是求出指定的 4 个数据的平均值。calcpooling( )函数的处理，可以描述如下：

```
int m,n ;/*用于循环控制*/
double ave=0.0 ;/*平均值*/

for(m=x;m<=x+1;++m)
 for(n=y;n<=y+1;++n)
  ave+=convout[m][n] ;

return ave/4 ;
```

上述的变量 x、y 是指定最大值对象 4 点数据中左上数据的坐标值。另外，convout[ ][ ]数组是卷积的输出数据，也是池化处理的输入数据。

以上，我们讨论了卷积运算和池化处理的实施方法。那么，我们在图 3.21 中总结了包含与这些处理相关的函数的 nn4. c 程序的模块结构图。

根据以上的准备，我们编写 nn4. c 程序如程序清单 3.4 所示。

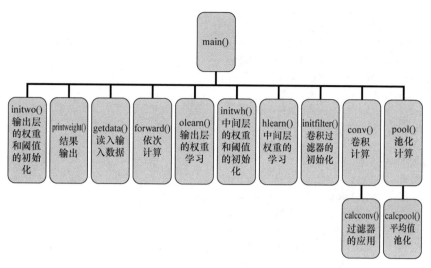

图 3.21　nn4.c 程序的函数调用结构（模块化构造）

■ **程序清单 3.4　nn4.c 程序源代码**

```
1:/**********************************************************/
2:/*                    nn4.c                              */
3:/*卷积神经网络的学习程序                                   */
4:/*使用方法                                                 */
5:/*  C:\Users\odaka\ch3>nn4 < ( 学习数据集的文件名 )       */
6:/*输出误差值和学习结果的组合系数等                         */
7:/**********************************************************/
8:
9:/*Visual Studio兼容性 */
10:#define _CRT_SECURE_NO_WARNINGS
11:
12:/*头文件的include*/
13:#include <stdio.h>
14:#include <stdlib.h>
15:#include <math.h>
16:
17:/*常量定义*/
18:/*与卷积运算相关*/
19:#define IMAGESIZE 8 /*输入图像一个边的像素数量*/
20:#define F_SIZE 3 /*卷积过滤器的大小*/
21:#define F_NO 2 /*过滤器的个数 */
22:#define POOLOUTSIZE 3 /*池化层输出的大小*/
23:/*与全连接层相关*/
24:#define INPUTNO 18   /*输入层的细胞数*/
25:#define HIDDENNO 6  /*中间层的细胞数*/
```

```
26:#define OUTPUTNO 4   /*输出层的细胞数*/
27:#define ALPHA  1     /*学习系数*/
28:#define MAXNO 100    /*学习数据的最大个数*/
29:#define BIGNUM 100   /*误差初始值 */
30:#define LIMIT 0.001  /*误差上限值*/
31://#define SEED 65535   /*随机数种子 */
32:#define SEED 32767    /*随机数种子 */
33:
34:/*函数声明*/
35:/*与卷积运算相关*/
36:void initfilter(double filter[F_NO][F_SIZE][F_SIZE]) ;
37:                        /*卷积过滤器的初始化*/
38:int getdata(double image[][IMAGESIZE][IMAGESIZE]
39:                    ,double t[][OUTPUTNO]) ; /*数据的读入*/
40:void conv(double filter[F_SIZE][F_SIZE]
41:                ,double e[][IMAGESIZE]
42:                ,double convout[][IMAGESIZE]) ; /*卷积运算*/
43:double calcconv(double filter[][F_SIZE]
44:                ,double e[][IMAGESIZE],int i,int j) ;/*使用过滤器*/
45:void pool(double convout[][IMAGESIZE],double poolout[][POOLOUTSIZE]) ;
46:                            /*池化运算*/
47:double calcpooling(double convout[][IMAGESIZE]
48:                ,int x,int y) ;/*平均值池化 */
49:
50:/*与全连接层相关*/
51:void initwh(double wh[HIDDENNO][INPUTNO+1]) ;
52:                        /*中间层权重的初始化*/
53:void initwo(double wo[OUTPUTNO][HIDDENNO+1]) ;
54:                        /*输出层权重的初始化*/
55:double forward(double wh[HIDDENNO][INPUTNO+1]
56:            ,double [HIDDENNO+1],double hi[]
57:            ,double e[INPUTNO+OUTPUTNO]) ; /*依次计算*/
58:void olearn(double wo[HIDDENNO+1],double hi[]
59:        ,double e[INPUTNO+OUTPUTNO],double o,int k) ;
60:                            /*输出层权重的学习*/
61:void hlearn(double wh[HIDDENNO][INPUTNO+1]
62:        ,double wo[HIDDENNO+1],double hi[]
63:        ,double e[INPUTNO+OUTPUTNO],double o,int k) ;
64:                            /*中间层权重的学习*/
65:void printweight(double wh[HIDDENNO][INPUTNO+1]
66:        ,double wo[OUTPUTNO][HIDDENNO+1]) ; /*结果输出*/
67:double s(double u) ; /*Sigmoid函数*/
```

```
68:double drand(void) ;/*生成-1~1之间的随机数 */
69:
70:/******************/
71:/*     main()函数    */
72:/******************/
73:int main()
74:{
75: /*与卷积运算相关*/
76: double filter[F_NO][F_SIZE][F_SIZE] ;/*卷积过滤器*/
77: double image[MAXNO][IMAGESIZE][IMAGESIZE] ;/*输入数据*/
78: double t[MAXNO][OUTPUTNO] ;/*教师数据*/
79: double convout[IMAGESIZE][IMAGESIZE] ;/*卷积输出*/
80: double poolout[POOLOUTSIZE][POOLOUTSIZE] ;/*输出数据*/
81:
82: /*与全连接层相关*/
83: double wh[HIDDENNO][INPUTNO+1] ;/*中间层权重*/
84: double wo[OUTPUTNO][HIDDENNO+1] ;/*输出层权重 */
85: double e[MAXNO][INPUTNO+OUTPUTNO] ;/*学习数据集*/
86: double hi[HIDDENNO+1] ;/*中间层输出 */
87: double o[OUTPUTNO]  ;/*输出*/
88: double err=BIGNUM ;/*误差评估*/
89: int i,j,m,n ;/*用于循环控制*/
90: int n_of_e ;/*学习数据的个数*/
91: int count=0 ;/* 循环计算器*/
92:
93: /*随机数初始化*/
94: srand(SEED) ;
95:
96: /*卷积过滤器初始化*/
97: initfilter(filter) ;
98:
99: /*权重初始化 */
100: initwh(wh) ;
101: initwo(wo) ;
102: printweight(wh,wo) ;
103:
104:
105: /*学习数据读入*/
106: n_of_e=getdata(image,t) ;
107: printf("学习数据的个数:%d\n",n_of_e) ;
108:
109: /*卷积处理*/
```

```
110: for(i=0;i<n_of_e;++i){/*每个学习数据的循环*/
111:  for(j=0;j<F_NO;++j){/*每个过滤器的循环*/
112:    /*卷积计算*/
113:    conv(filter[j],image[i],convout) ;
114:    /*池化计算*/
115:    pool(convout,poolout) ;
116:    /*池化的输出复制到每个全连接的输入*/
117:    for(m=0;m<POOLOUTSIZE;++m)
118:     for(n=0;n<POOLOUTSIZE;++n)
119:      e[i][j*POOLOUTSIZE*POOLOUTSIZE+POOLOUTSIZE*m+n]
120:         =poolout[m][n] ;
121:    for(m=0;m<OUTPUTNO;++m)
122:     e[i][POOLOUTSIZE*POOLOUTSIZE*F_NO+m]=t[i][m] ;/*教师数据 */
123:  }
124: }
125:
126: /*学习*/
127: while(err>LIMIT){
128:  /*第i输出层*/
129:  for(i=0;i<OUTPUTNO;++i){
130:   err=0.0 ;
131:   for(j=0;j<n_of_e;++j){
132:    /*依次计算*/
133:    o[i]=forward(wh,wo[i],hi,e[j]) ;
134:    /*输出层权重调整*/
135:    olearn(wo[i],hi,e[j],o[i],i) ;
136:    /*中间层权重调整*/
137:    hlearn(wh,wo[i],hi,e[j],o[i],i) ;
138:    /*误差的平方和*/
139:    err+=(o[i]-e[j][INPUTNO+i])*(o[i]-e[j][INPUTNO+i]) ;
140:   }
141:   ++count ;
142:   /*误差输出*/
143:   printf("%d\t%lf\n",count,err) ;
144:  }
145: }/*学习结束*/
146:
147: /*权重输出*/
148: printweight(wh,wo) ;
149:
150: /*学习数据的输出值*/
151: for(i=0;i<n_of_e;++i){
```

```
152:   printf("%d\n",i) ;
153:   for(j=0;j<INPUTNO;++j)
154:    printf("%lf ",e[i][j]) ;/*学习数据*/
155:   printf("\n") ;
156:   for(j=INPUTNO;j<INPUTNO+OUTPUTNO;++j)/*教师数据 */
157:    printf("%lf ",e[i][j]) ;
158:   printf("\n") ;
159:   for(j=0;j<OUTPUTNO;++j)/*神经网络输出*/
160:    printf("%lf ",forward(wh,wo[j],hi,e[i])) ;
161:   printf("\n") ;
162:  }
163:
164:  return 0 ;
165:}
166:
167:/*********************/
168:/*  initfilter()函数   */
169:/*   过滤器初始化        */
170:/*********************/
171:void initfilter(double filter[F_NO][F_SIZE][F_SIZE])
172:{
173: int i,j,k ;/*用于循环控制*/
174:
175: for(i=0;i<F_NO;++i)
176:  for(j=0;j<F_SIZE;++j)
177:   for(k=0;k<F_SIZE;++k)
178:    filter[i][j][k]=drand() ;
179:}
180:
181:/*********************/
182:/*    initwh()函数     */
183:/*中间层的权重和阈值的初始化*/
184:/*********************/
185:void initwh(double wh[HIDDENNO][INPUTNO+1])
186:{
187: int i,j ;/*用于循环控制*/
188:
189: /*以随机数进行权重初始化*/
190: for(i=0;i<HIDDENNO;++i)
191:  for(j=0;j<INPUTNO+1;++j)
192:   wh[i][j]=drand() ;
193:}
```

```
194:
195:/*********************/
196:/*    initwo()函数      */
197:/*输出层的权重和阈值的初始化*/
198:/*********************/
199:void initwo(double wo[OUTPUTNO][HIDDENNO+1])
200:{
201: int i,j ;/*用于循环控制*/
202:
203: /*以随机数进行权重初始化*/
204: for(i=0;i<OUTPUTNO;++i)
205:  for(j=0;j<HIDDENNO+1;++j)
206:   wo[i][j]=drand() ;
207:}
208:
209:/*********************/
210:/*  getdata()函数      */
211:/*  读入学习数据        */
212:/*********************/
213:int getdata(double image[][IMAGESIZE][IMAGESIZE]
214:                   ,double t[][OUTPUTNO])
215:{
216: int i=0,j=0,k=0 ;/*用于循环控制*/
217:
218: /*数据输入*/
219: while(scanf("%lf",&t[i][j])!=EOF){
220:   /*教师数据读入*/
221:   ++j ;
222:   while(scanf("%lf",&t[i][j])!=EOF){
223:    ++j ;
224:    if(j>=OUTPUTNO) break ;
225:   }
226:
227:   /*图像数据读入*/
228: j=0 ;
229: while(scanf("%lf",&image[i][j][k])!=EOF){
230:   ++ k ;
231:   if(k>=IMAGESIZE){/*下一条数据*/
232:    k=0 ;
233:    ++j ;
234:    if(j>=IMAGESIZE) break ;/*输入结束*/
235:   }
```

```
236:  }
237:  j=0; k=0 ;
238:  ++i ;
239: }
240: return i ;
241:}
242:
243:/*********************/
244:/*   conv()函数       */
245:/*   卷积计算         */
246:/*********************/
247:void conv(double filter[][F_SIZE]
248:          ,double e[][IMAGESIZE],double convout[][IMAGESIZE])
249:{
250: int i=0,j=0 ;/*用于循环控制*/
251: int startpoint=F_SIZE/2 ;/*卷积范围的下限*/
252:
253: for(i=startpoint;i<IMAGESIZE-startpoint;++i)
254:   for(j=startpoint;j<IMAGESIZE-startpoint;++j)
255:   convout[i][j]=calcconv(filter,e,i,j) ;
256:}
257:
258:/*********************/
259:/*   calcconv()函数   */
260:/*   过滤器的使用     */
261:/*********************/
262:double calcconv(double filter[][F_SIZE]
263:               ,double e[][IMAGESIZE],int i,int j)
264:{
265: int m,n ;/*用于循环控制*/
266: double sum=0 ;/*合计的值*/
267:
268: for(m=0;m<F_SIZE;++m)
269:   for(n=0;n<F_SIZE;++n)
270:   sum+=e[i-F_SIZE/2+m][j-F_SIZE/2+n]*filter[m][n];
271:
272: return sum ;
273:}
274:
275:/*********************/
276:/*   pool()函数       */
277:/*   池化计算         */
```

```
278:/**********************/
279:void pool(double convout[][IMAGESIZE]
280:         ,double poolout[][POOLOUTSIZE])
281:{
282: int i,j ;/*用于循环控制*/
283:
284: for(i=0;i<POOLOUTSIZE;++i)
285:   for(j=0;j<POOLOUTSIZE;++j)
286:     poolout[i][j]=calcpooling(convout,i*2+1,j*2+1) ;
287:}
288:
289:/**********************/
290:/* calcpooling()函数   */
291:/* 平均值池化          */
292:/**********************/
293:double calcpooling(double convout[][IMAGESIZE]
294:                   ,int x,int y)
295:{
296: int m,n ;/*用于循环控制*/
297: double ave=0.0 ;/*平均值*/
298:
299: for(m=x;m<=x+1;++m)
300:   for(n=y;n<=y+1;++n)
301:     ave+=convout[m][n] ;
302:
303: return ave/4.0 ;
304:}
305:
306:/**********************/
307:/*  forward()函数      */
308:/*   依次计算          */
309:/**********************/
310:double forward(double wh[HIDDENNO][INPUTNO+1]
311: ,double wo[HIDDENNO+1],double hi[],double e[])
312:{
313: int i,j ;/*用于循环控制*/
314: double u ;/*用于加权和的计算*/
315: double o ;/*用于输出计算 */
316:
317: /*hi的计算*/
318: for(i=0;i<HIDDENNO;++i){
319:   u=0 ;/*加权和的计算*/
```

```
320:    for(j=0;j<INPUTNO;++j)
321:     u+=e[j]*wh[i][j] ;
322:     u-=wh[i][j] ;/*阈值处理*/
323:     hi[i]=s(u) ;
324:    }
325:   /*输出o的计算*/
326:   o=0 ;
327:   for(i=0;i<HIDDENNO;++i)
328:    o+=hi[i]*wo[i] ;
329:    o-=wo[i] ;/*阈值处理*/
330:
331:   return s(o) ;
332:}
333:
334:/**********************/
335:/*   olearn()函数      */
336:/*   输出层的权重学习   */
337:/**********************/
338:void olearn(double wo[HIDDENNO+1]
339:           ,double hi[],double e[],double o,int k)
340:{
341:  int i ;/*用于循环控制*/
342:  double d ;/*用于权重计算*/
343:
344:  d=(e[INPUTNO+k]-o)*o*(1-o) ;/*误差计算*/
345:  for(i=0;i<HIDDENNO;++i){
346:   wo[i]+=ALPHA*hi[i]*d ;/*权重学习*/
347:  }
348:  wo[i]+=ALPHA*(-1.0)*d ;/*阈值学习*/
349:}
350:
351:/**********************/
352:/*   hlearn()函数      */
353:/*   中间层的权重学习   */
354:/**********************/
355:void hlearn(double wh[HIDDENNO][INPUTNO+1],double wo[HIDDENNO+1]
356:                  ,double hi[],double e[],double o,int k)
357:{
358:  int i,j ;/*用于循环控制*/
359:  double dj ;/*用于权重计算*/
360:
361:  for(j=0;j<HIDDENNO;++j){/*以中间层的各个细胞j为对象*/
```

```
362:  dj=hi[j]*(1-hi[j])*wo[j]*(e[INPUTNO+k]-o)*o*(1-o) ;
363:  for(i=0;i<INPUTNO;++i)/*第i个权重的处理*/
364:   wh[j][i]+=ALPHA*e[i]*dj ;
365:  wh[j][i]+=ALPHA*(-1.0)*dj ;/*阈值学习*/
366: }
367:}
368:
369:/**********************/
370:/*  printweight()函数  */
371:/*      结果输出       */
372:/**********************/
373:void printweight(double wh[HIDDENNO][INPUTNO+1]
374:                  ,double wo[OUTPUTNO][HIDDENNO+1])
375:{
376: int i,j ;/*用于循环控制*/
377:
378: for(i=0;i<HIDDENNO;++i)
379:  for(j=0;j<INPUTNO+1;++j)
380:   printf("%lf ",wh[i][j]) ;
381: printf("\n") ;
382: for(i=0;i<OUTPUTNO;++i){
383:  for(j=0;j<HIDDENNO+1;++j)
384:   printf("%lf ",wo[i][j]) ;
385: }
386: printf("\n") ;
387:}
388:
389:/******************/
390:/* s()函数         */
391:/* Sigmoid函数     */
392:/******************/
393:double s(double u)
394:{
395: return 1.0/(1.0+exp(-u)) ;
396:}
397:
398:/**********************/
399:/* drand()函数         */
400:/*生成-1～1之间的随机数*/
401:/**********************/
402:double drand(void)
403:{
```

```
404: double rndno ;/*生成的随机数*/
405:
406: while((rndno=(double)rand()/RAND_MAX)==1.0) ;
407: rndno=rndno*2-1 ;/*生成-1~1之间的随机数*/
408: return rndno;
409:}
```

nn4.c 程序的执行例子如执行例 3.5 所示。

执行例 3.5　　nn4.c 程序的执行例子

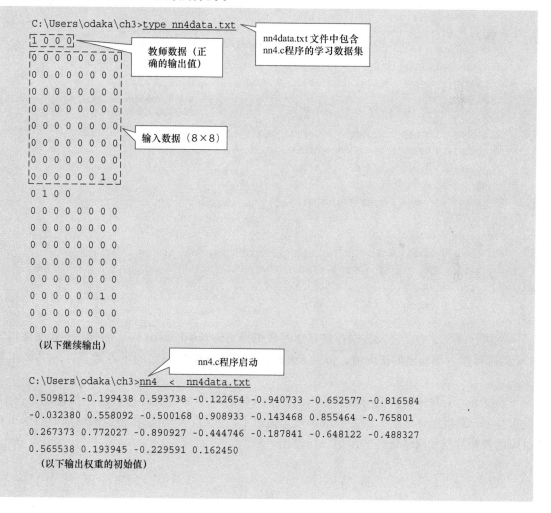

```
C:\Users\odaka\ch3>type nn4data.txt
1 0 0 0                              nn4data.txt 文件中包含
0 0 0 0 0 0 0 0                      nn4.c程序的学习数据集
0 0 0 0 0 0 0 0
0 0 0 0 0 0 0 0       教师数据（正
0 0 0 0 0 0 0 0       确的输出值）
0 0 0 0 0 0 0 0
0 0 0 0 0 0 0 0       输入数据（8×8）
0 0 0 0 0 0 0 0
0 0 0 0 0 0 1 0
0 1 0 0
0 0 0 0 0 0 0 0
0 0 0 0 0 0 0 0
0 0 0 0 0 0 0 0
0 0 0 0 0 0 0 0
0 0 0 0 0 0 0 0
0 0 0 0 0 0 1 0
0 0 0 0 0 0 0 0
0 0 0 0 0 0 0 0
（以下继续输出）

                              nn4.c程序启动

C:\Users\odaka\ch3>nn4  <  nn4data.txt
0.509812 -0.199438 0.593738 -0.122654 -0.940733 -0.652577 -0.816584
-0.032380 0.558092 -0.500168 0.908933 -0.143468 0.855464 -0.765801
0.267373 0.772027 -0.890927 -0.444746 -0.187841 -0.648122 -0.488327
0.565538 0.193945 -0.229591 0.162450
（以下输出权重的初始值）
```

```
0.778741 -0.861080 0.684378 -0.335429 0.389325 0.674978 -0.929930
-0.767083 0.386212 -0.058138 -0.592700 0.077242 -0.522874 0.222999
0.624256 0.077609 -0.973205 -0.589892 0.089572 0.996094 -0.855586
-0.011017 0.905576 0.847102 0.822871 0.872677 -0.341594 0.896725
学习数据的个数:8
1    2.420264
2    2.095472
3    2.251695
4    2.615910
(以下继续输出)
```

学习循环的过程

```
13377    0.005299
13378    0.000849
13379    0.001732
13380    0.001000
```

经过13380次循环，误差达到规定值以下，得到收敛

```
2.675436 -0.199438 0.593738 -0.122654 -0.940733 -9.448287 0.215152
0.237576 7.927648 5.050559 0.908933 -0.143468
```

阶层型神经网络部分的输入数据

```
(以下输出权重)
0
0.000000 0.000000 0.000000 0.000000 0.000000 0.000000 0.000000
0.000000 0.102527 0.000000 0.000000 0.000000 0.000000 0.000000
0.000000 0.000000 0.000000 -0.044343
1.000000 0.000000 0.000000 0.000000
```

教师数据（正确的输出值）

```
0.948478 0.019839 0.023276 0.010012
```

神经网络的输出

```
1
0.000000 0.000000 0.000000 0.000000 0.000000 0.102527 0.000000
0.000000 0.044176 0.000000 0.000000 0.000000 0.000000 0.000000
-0.044343 0.000000 0.000000 0.060747
0.000000 1.000000 0.000000 0.000000
0.032389 0.980828 0.000082 0.005768
```

在执行例 3.5 中，输入数据存储在学习数据集文件 nn4data. txt 中。nn4data. txt 文件包含 4 个教师数据，即输出的正确值，以及 8 × 8 的输入数据作为一组的学习数据，一共 8 组数据。

启动 nn4. c 程序，权重初始值输出之后，开始进入学习的循环过程。在执行例 3.5 中，在重复 13380 次循环之后，误差收敛到规定值以下。随后，与阶层型神经网络部分的输入相对应的教师数据和网络最终输出值一同输出。

第 **4** 章

深度强化学习

在本章中，我们将在强化学习的框架的基础上，融入深度学习的方法，也就是进行深度强化学习。具体来说，在第 2 章中介绍的 Q 学习框架的基础上，我们引入了神经网络去完成 Q 值的学习。这样一来，对于大规模复杂的问题，也可以用 Q 学习进行处理。

4.1　基于强化学习和深度学习融合的深度强化学习

本节中，我们将探讨在强化学习，尤其是在第 2 章中介绍的 Q 学习的基础上，应用深度学习的方法。

4.1.1　在 Q 学习中应用神经网络

在第 2 章中，我们详细讨论过使用 Q 学习来获得行动选择知识的例题。在第 2 章中处理的 Q 学习的框架中，用数组的形式保存了各状态下的各种行动对应的 Q 值。若用这个方法来表现 Q 值，状态和行动的组合如果非常多，那么表现方式也将变得非常复杂，这将导致 Q 值的表现方式所需的存储容量变得非常庞大（见图 4.1）。

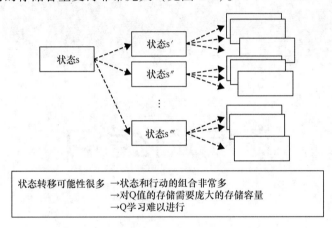

图 4.1　用数组进行 Q 值存储的问题点

如果 Q 值的存储所需记忆容量变得庞大，则 Q 值的学习本身也就变得困难了。这个例子和我们在第 1 章中提到的 DQN 中获得视频游戏的控制知识的例子，以及在 AlphaGo 中获得围棋知识的例子一样，都属于大规模复杂问题。

为了解决这个问题，我们可以尝试将神经网络应用到 Q 值的知识表示和知识获取上。那么 Q 值的知识表示使用神经网络具体可以怎么做呢？简单而言，主要是通过组建一个神经网络，该神经网络以某一状态 s 和行动 a 为神经网络的输入，而以该状态对应的行动选择的 Q（s，a）作为神经网络的输出（见图 4.2）。

图 4.2 中，在 Q 学习的强化学习中，为了进行某种状态中的行动选择，我们用 Q 值对该状态中可选的行动进行评价。作为求出 Q 值的必要步骤，我们需要指定某种状态及与其相关的行动，计算得出对应的 Q 值。在第 2 章介绍的程序中，这个 Q 值的存放主要通过数组实现。在本章中，我们将用神经网络来取代数组，去实现 Q 值的表示（见图 4.3）。

通过神经网络来求出 Q 值时，为了能够适当地进行行动选择，需调整神经网络的参数，

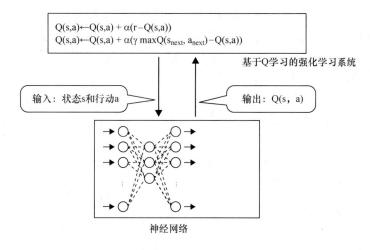

图 4.2　应用神经网络的 Q 值表示

a) 通过数组实现Q值的表示
　　将状态和行动作为数组的标号，将数组中存放的值作为Q值进行输出

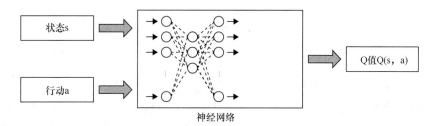

b) 通过神经网络实现Q值的表示
　　将状态和行动作为神经网络的输入，神经网络依次计算得出的结果作为Q值进行输出

图 4.3　基于数组的 Q 值表示和基于神经网络的 Q 值表示

使得神经网络能够正确地输出与状态 s 和行动 a 相对应的 Q 值。也就是说，必须进行神经网络学习。

在第 2 章介绍的 Q 学习的程序中，Q 值的学习是通过调整数组的数值实现的。而若改用神经网络，为了求得与某一状态和行动相对应的 Q 值，需进行神经网络的学习（见图 4.4）。这种情况下的学习数据集中，状态和行动是成对出现的，将作为输入数据；而 Q 学习中需要更新的 Q 值将作为输出数据，即教师数据。

我们把上述想法进行整理，得出如图 4.5 所示的 Q 学习的算法。这与第 2 章的图 2.10 所示的算法大体相同，唯一不同的地方是，Q 值的计算和 Q 值的更新都是通过神经网络进行的。

如图 4.5 所示，有下划线部分的描述是基于神经网络进行的 Q 值相关的处理。像这样，如果把神经网络单纯地看作数据表示的手段，则图 4.5 的处理与第 2 章所示的 Q 学习的算法是基本相同的。

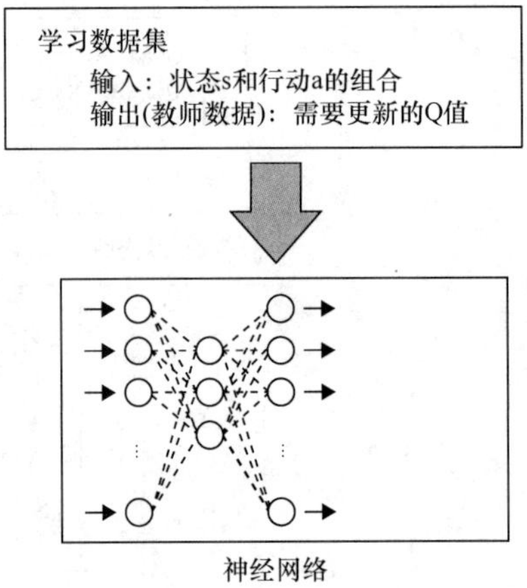

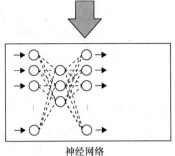

图 4.4　基于神经网络的 Q 值学习

4.1.2　Q 学习与神经网络的融合

接下来，我们来考虑如何将 Q 学习的框架和神经网络的框架进行融合。首先我们思考，2.1 节中介绍的最简单的 Q 学习，如果用神经网络的方式进行，应该如何进行修正。

初始化
使用随机数等，对神经网络的参数进行初始化。
学习循环
学习按如下步骤(1)～(6)循环进行，若满足结束条件则退出循环：
(1) 返回到行动的初始状态
(2) 根据神经网络中求得的 Q 值选择进入下一状态的行动
(3) 根据第 2 章中的式(2.2)对神经网络的参数进行更新
(4) 根据选择的行动转移到下一个状态
(5) 如到达目标状态(终点)或到达某个预先指定的最后一轮行动，返回
　　步骤(1)
(6) 返回步骤(2)

图 4.5　通过神经网络进行 Q 学习的算法（下划线部分为神经网络相关的处理）

如图 4.6 所示，在这个例题中，我们需要处理状态 0 到状态 6 的 7 个状态。每一个状态都有向上或向下两种可选行动。因此，在神经网络中，我们设计了 7 个与状态相对应的输入层神经细胞及 2 个分别对应向上（UP）和向下（DOWN）两种行动的输出层神经细胞。

在图 4.6 中，在某个状态中的 Q 值，是通过给予神经网络一个输入值 e 计算出来的。在这个例子中，在各状态下可以选择的行动是向上（UP）和向下（DOWN）两种。如图 4.6 所示的神经网络中，Q 值从各个输出神经细胞中输出的。

例如，在状态 0 中的 Q 值，即如下所示的 Q 值：

Q（状态 0，上）

Q（状态 0，下）

那么，神经网络的输入值 e 到底是怎样的形式呢？以状态 0 为例子，我们对 e 定义如下：

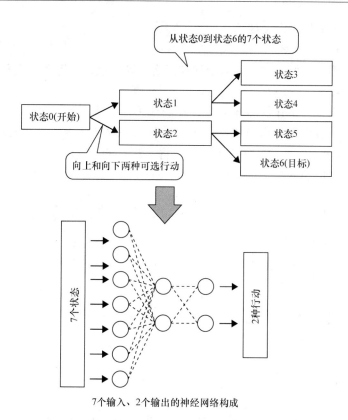

图 4.6　在 Q 学习中使用神经网络（1）：最简单的例子

$(1, 0, 0, 0, 0, 0, 0)$

　　图 4.6 所示的 7 个输入、2 个输出的神经网络中，若指定给予的输入 e，相应的向上或向下的各个行动的 Q 值，即 Q（状态 0，上）和 Q（状态 0，下）的值将作为神经网络的输出（见图 4.7）

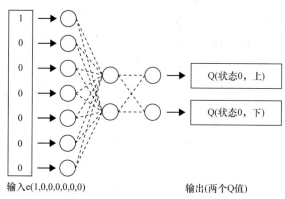

图 4.7　Q 学习的计算例子：状态 0 对应的两个 Q 值

同理，状态 2 的 e 可以定义如下：

$(0, 0, 1, 0, 0, 0, 0)$

上述的输入按图 4.7 所示的方式赋给神经网络，同样地，也将得到两个输出神经细胞的输出值，即 Q（状态 2，上）和 Q（状态 2，下）的值。

如果用上述的方式去组建好神经网络，我们就可以根据 Q 学习的框架来实现神经网络的学习。换句话说，我们主要是用神经网络的学习算法去实现第 2 章中描述的 Q 学习的步骤中 Q 值更新的部分。总之，在 Q 值更新中，将第 2 章的式（2.3）和式（2.4）的值作为教师数据，调节神经网络的参数（见图 4.8）。

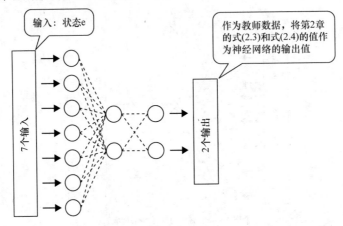

图 4.8　将第 2 章的式（2.3）和式（2.4）的值作为教师数据，调节神经网络的参数

接下来，我们来思考 2.2.2 节中的例题应该如何融入神经网络进行学习。基本的思路与图 4.6 的例子的情况大致相同，我们先准备与 64 个状态相对应的 64 个输入神经细胞，以及与上下左右 4 种行动对应的 4 个输出神经细胞，通过这些神经细胞组建神经网络。同样地，我们用上述方法进行 Q 值的学习（见图 4.9）。

在图 4.9 的神经网络上，除了可以使用单纯的阶层型神经网络以外，也可以使用卷积神经网络。实际上，在 DQN 和 AlphaGo 的例子中，也是使用卷积神经网络去处理复杂度高、数据规模大的问题的。

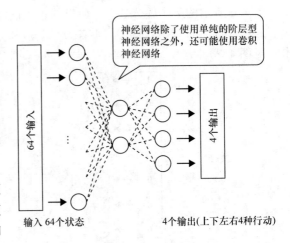

图 4.9　在 Q 学习中使用神经网络（2）：
目标探寻的学习程序

那么接下来，我们来探讨用第 3 章中介绍的卷积神经网络的方法，来解决图 4.9 的例题。

4.2 深度强化学习的编程实例

4.2.1 岔路选择问题的深度强化学习程序 q21dl. c

首先，我们将第 2 章处理的程序 q21.c 进行改造，融入阶层型神经网络的思想，在此基础上，编写深度强化学习程序 q21dl. c 的代码。

q21dl. c 程序的总体结构图如图 4.10 所示。q21dl. c 程序主要是融合了第 2 章中介绍的强化学习的程序 q21.c 和第 3 章中介绍的涉及多个输出的阶层型神经网络学习的程序 nn3. c。同时，神经网络部分的功能主要是为 Q 学习部分服务的，换句话说，神经网络部分也可以理解为 Q 学习部分的具体实现，为 Q 学习部分所调用。

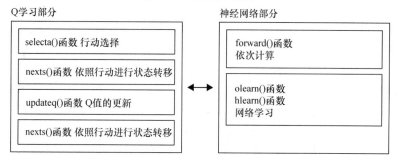

图 4.10 深度强化学习程序 q21dl. c 的总体结构图

q21dl. c 程序的基本操作与 q21.c 程序基本相同。唯一的不同点在于，相关的 Q 值的处理都在神经网络中进行。

例如，计算 Q 值的最大值的 set_a_by_q( ) 函数，如果使用神经网络，可以按如下的方式进行计算：

```
double upqvalue,downqvalue ;
double e[INPUTNO+1]={0} ;
/*Q值的计算*/
e[s]=1 ;/*神经网络输入的设定*/
upqvalue=forward(wh,wo[UP],hi,e) ;/*UP*/
downqvalue=forward(wh,wo[DOWN],hi,e) ;/*DOWN*/
/*根据Q值进行判断*/
if((upqvalue)>(downqvalue))
 return UP ;
else return DOWN;
```

如前面所提到的，数组 e〔〕是神经网络的输入数据。而如果 Q 值计算是通过神经网络的依次计算进行，那么我们需要把输入值 e〔〕作为输入值传递给负责依次计算的 forward（）函数。

在 Q 值更新中，相应地，我们需要根据神经网络设置相应的参数学习操作。那么，若在状态 s 中选择了行动 a，Q 值的更新操作如下所示：

```
/*Q值更新*/
 /*神经网络输入数据e的设定*/
 for(i_n=0;i_n<INPUTNO+OUTPUTNO;++i_n)
  e[i_n]=0 ;
 e[s]=1 ;/* 现在的状态*/
 e[INPUTNO+a]=updateq(s,snext,a,wh,wo,hi) ;/*行动*/
 /*依次计算*/
 o[a]=forward(wh,wo[a],hi,e) ;
 /*输出层权重调整*/
 olearn(wo[a],hi,e,o[a],a) ;
 /*中间层权重调整*/
 hlearn(wh,wo[a],hi,e,o[a],a) ;
```

我们在前面提到了，确定 Q 值的神经网络学习是通过 olearn( ) 函数和 hlearn( ) 函数进行的。在此之前，设定好输入数据 e〔〕，然后使用 forward( ) 函数依次计算网络的输出值。

通过以上的准备，q21dl. c 程序可以整理为程序清单 4. 1。

■ 程序清单 4.1　q21dl. c 程序源代码

```
1:/***********************************************/
2:/*        q21dl.c                            */
3:/*   强化学习和神经网络的例程                   */
4:/*  q21.c的扩展版                             */
5:/*使用方法                                    */
6:/* C:\Users\odaka\ch4>q21dl                   */
7:/***********************************************/
8:
9:/*Visual Studio兼容性        */
10:#define _CRT_SECURE_NO_WARNINGS
11:
12:/*头文件的include          */
13:#include <stdio.h>
14:#include <stdlib.h>
15:#include <math.h>
16:
17:/*常量定义                 */
18:/*与强化学习相关*/
```

```
19:#define GENMAX  4000  /*学习循环次数*/
20:#define STATENO  7   /*状态的数量*/
21:#define ACTIONNO 2  /*行动的数量*/
22:#define ALPHA 0.1/*学习系数*/
23:#define GAMMA 0.9/*折扣系数 */
24:#define EPSILON 0.3 /*行动选择的随机系数*/
25:#define SEED 65535 /* 随机数种子*/
26:#define REWARD 1 /*目标达成的奖赏*/
27:#define GOAL 6 /*状态6为目标状态 */
28:#define UP 0/*向上的行动*/
29:#define DOWN 1/*向下的行动*/
30:#define LEVEL 2 /*分支深度*/
31:/*与神经网络相关*/
32:#define INPUTNO 7   /*输入层的细胞数*/
33:#define HIDDENNO 2   /*中间层的细胞数*/
34:#define OUTPUTNO 2   /* 输出层的细胞数*/
35:#define NNALPHA  3    /* 学习系数*/
36:
37:/*函数声明               */
38:/* 与强化学习相关*/
39:int rand0or1() ;/*返回0或者1的随机数函数*/
40:double frand() ;/*返回0~1之间的实数随机数函数*/
41:void printqvalue(double wh[HIDDENNO][INPUTNO+1]
42:   ,double wo[OUTPUTNO][HIDDENNO+1],double hi[]);/*输出Q值 */
43:int selecta(int s,double wh[HIDDENNO][INPUTNO+1]
44:   ,double wo[OUTPUTNO][HIDDENNO+1],double hi[]);/* 行动选择*/
45:double updateq(int s,int snext,int a,double wh[HIDDENNO][INPUTNO+1]
46:   ,double wo[OUTPUTNO][HIDDENNO+1],double hi[]);/*更新Q值*/
47:int set_a_by_q(int s,double wh[HIDDENNO][INPUTNO+1]
48:   ,double wo[OUTPUTNO][HIDDENNO+1],double hi[]);/*选择最大Q值*/
49:int nexts(int s,int a) ;/*根据行动转移到下一个状态*/
50:/*与神经网络相关*/
51:void initwh(double wh[HIDDENNO][INPUTNO+1]) ;
52:                     /*中间层权重的初始化*/
53:void initwo(double wo[OUTPUTNO][HIDDENNO+1]) ;
54:                     /*输出层权重的初始化*/
55:double forward(double wh[HIDDENNO][INPUTNO+1]
56:       ,double [HIDDENNO+1],double hi[]
57:       ,double e[INPUTNO+OUTPUTNO]) ; /*依次计算*/
58:void olearn(double wo[HIDDENNO+1],double hi[]
59:       ,double e[INPUTNO+OUTPUTNO],double o,int k) ;
60:                     /*输出层权重学习*/
```

```
61:void hlearn(double wh[HIDDENNO][INPUTNO+1]
62:        ,double wo[HIDDENNO+1],double hi[]
63:        ,double e[INPUTNO+OUTPUTNO],double o,int k) ;
64:                              /*中间层权重学习*/
65:void printweight(double wh[HIDDENNO][INPUTNO+1]
66:         ,double wo[OUTPUTNO][HIDDENNO+1]) ; /*结果输出*/
67:double s(double u) ; /*Sigmoid函数*/
68:double drand(void) ;/*生成-1~1之间的随机数 */
69:
70:/****************/
71:/*  main()函数   */
72:/****************/
73:int main()
74:{
75: /*与强化学习相关*/
76: int i;
77: int s,snext;/*现在的状态和下一个状态*/
78: int t;/*循环计数器*/
79: int a;/*行动*/
80: /*与神经网络相关*/
81: double wh[HIDDENNO][INPUTNO+1] ;/* 中间层权重 */
82: double wo[OUTPUTNO][HIDDENNO+1] ;/*输出层权重*/
83: double e[INPUTNO+OUTPUTNO] ;/*学习数据集*/
84: double hi[HIDDENNO+1] ;/* 中间层输出 */
85: double o[OUTPUTNO]   ;/*输出*/
86: int i_n ;/*用于循环控制*/
87: int count=0 ;/*循环计算器*/
88:
89: /*随机数初始化*/
90: srand(SEED);
91:
92: /*权重初始化*/
93: initwh(wh) ;
94: initwo(wo) ;
95: printweight(wh,wo) ;
96:
97: /* 学习循环 */
98: for(i=0;i<GENMAX;++i){
99:  s=0;/*行动的初始状态*/
100:  for(t=0;t<LEVEL;++t){/*一直循环到最后一次行动*/
101:   /*行动选择*/
102:   a=selecta(s,wh,wo,hi) ;
```

```
103:    fprintf(stderr," s= %d a=%d\n",s,a) ;
104:    snext=nexts(s,a) ;
105:
106:    /*Q值更新*/
107:    /*神经网络输入数据e的设定*/
108:    for(i_n=0;i_n<INPUTNO+OUTPUTNO;++i_n)
109:     e[i_n]=0 ;
110:    e[s]=1 ;/*现在的状态*/
111:    e[INPUTNO+a]=updateq(s,snext,a,wh,wo,hi) ;/*行动*/
112:    /*依次计算*/
113:    o[a]=forward(wh,wo[a],hi,e) ;
114:    /*输出层权重调整*/
115:    olearn(wo[a],hi,e,o[a],a) ;
116:    /*中间层权重调整*/
117:    hlearn(wh,wo[a],hi,e,o[a],a) ;
118:    /*根据行动a转移到下一个状态snext*/
119:    s=snext ;
120:   }
121:   /*输出Q值*/
122:   printqvalue(wh,wo,hi) ;
123:  }
124: return 0;
125:}
126:
127:/******************/
128:/*  调用的函数     */
129:/*  与强化学习相关  */
130:/******************/
131:
132:/**************************/
133:/*       updateq()函数    */
134:/*       对Q值进行更新     */
135:/**************************/
136:double updateq(int s,int snext,int a,double wh[HIDDENNO][INPUTNO+1]
137:                        ,double wo[OUTPUTNO][HIDDENNO+1],double hi[])
138:{
139: double qv ;/*更新后的Q值*/
140: double qvalue_sa ;/*现在的Q值*/
141: double qvalue_snexta ;/*下一状态的最大Q值 */
142: double e[INPUTNO+1]={0} ;
143:
144: /*求得现在的状态s的Q值*/
```

```
145: e[s]=1 ;/*神经网络输入的设定*/
146: qvalue_sa=forward(wh,wo[a],hi,e) ;/*行动a*/
147: e[s]=0 ;/*清空输入*/
148:
149: /* 求得下一个状态nexts的Q值*/
150: e[snext]=1 ;/*神经网络输入的设定*/
151: qvalue_snexta=forward(wh,wo[set_a_by_q(snext,wh,wo,hi)],hi,e) ;
152:
153: /*Q值更新*/
154: if(snext==GOAL)/*获得奖赏的情况*/
155:   qv=qvalue_sa+ALPHA*(REWARD-qvalue_sa) ;
156: else/*没有获得奖赏的情况*/
157:   qv=qvalue_sa
158:     +ALPHA*(GAMMA*qvalue_snexta-qvalue_sa) ;
159:
160: return qv ;
161:}
162:
163:/***************************/
164:/*        selecta()函数        */
165:/*        选择行动             */
166:/***************************/
167:int selecta(int s,double wh[HIDDENNO][INPUTNO+1]
168:               ,double wo[OUTPUTNO][HIDDENNO+1],double hi[])
169:{
170: int a ;/* 被选择的行动 */
171:
172: /* 用ε-Greedy法进行行动选择*/
173: if(frand()<EPSILON){
174:   /*随机行动*/
175:   a=rand0or1();
176: }
177: else{
178:   /*选择最大Q值进行行动*/
179:   a=set_a_by_q(s,wh,wo,hi) ;
180: }
181:
182: return a ;
183:}
184:
185:/***************************/
186:/*     set_a_by_q()函数        */
```

```
187:/*    选择最大Q值                */
188:/***************************/
189:int set_a_by_q(int s,double wh[HIDDENNO][INPUTNO+1]
190:              ,double wo[OUTPUTNO][HIDDENNO+1],double hi[])
191:{
192: double upqvalue,downqvalue ;
193: double e[INPUTNO+1]={0}  ;
194:
195: /*Q值的计算*/
196: e[s]=1 ;/*神经网络输入的设定*/
197: upqvalue=forward(wh,wo[UP],hi,e) ;/*UP*/
198: downqvalue=forward(wh,wo[DOWN],hi,e) ;/*DOWN*/
199: /*根据Q值进行判断*/
200: if((upqvalue)>(downqvalue))
201:  return UP ;
202: else return DOWN;
203:}
204:
205:/***************************/
206:/*     nexts()函数          */
207:/*根据行动转移到下一个状态      */
208:/***************************/
209:int nexts(int s,int a)
210:{
211: return s*2+1+a ;
212:}
213:
214:/***************************/
215:/*     printqvalue()函数     */
216:/*     输出Q值               */
217:/***************************/
218:void printqvalue(double wh[HIDDENNO][INPUTNO+1]
219:                ,double wo[OUTPUTNO][HIDDENNO+1],double hi[])
220:{
221: int i,j ;
222: double e[INPUTNO+1]={0}  ;
223:
224: for(i=0;i<STATENO;++i){
225:  for(j=0;j<ACTIONNO;++j){
226:   e[i]=1 ;/*需要输出的状态编号*/
227:   printf("%.3lf ",forward(wh,wo[j],hi,e));
228:   e[i]=0 ;/*回到初始状态*/
```

```
229:  }
230:  printf("\t") ;
231: }
232: printf("\n");
233:}
234:
235:/***************************/
236:/*      frand()函数         */
237:/*返回0～1之间的实数随机数函数 */
238:/***************************/
239:double frand()
240:{
241:  /*随机数计算*/
242:  return (double)rand()/RAND_MAX ;
243:}
244:
245:/***************************/
246:/*      rand0or1()函数      */
247:/* 返回0或者1的随机数函数     */
248:/***************************/
249:int rand0or1()
250:{
251:  int rnd ;
252:
253:  /*除以随机数最大值*/
254:  while((rnd=rand())==RAND_MAX) ;
255:  /*随机数计算*/
256:  return (int)((double)rnd/RAND_MAX*2) ;
257:}
258:
259:/***************************/
260:/*    调用的函数            */
261:/*    与神经网络相关         */
262:/***************************/
263:/********************/
264:/*    initwh()函数    */
265:/*中间层的权重和阈值的初始化*/
266:/********************/
267:void initwh(double wh[HIDDENNO][INPUTNO+1])
268:{
269:  int i,j ;/*用于循环控制 */
270:
```

```
271:/*以随机数进行权重初始化 */
272: for(i=0;i<HIDDENNO;++i)
273:  for(j=0;j<INPUTNO+1;++j)
274:   wh[i][j]=drand() ;
275:}
276:
277:/*********************/
278:/*    initwo()函数     */
279:/*输出层的权重和阈值的初始化*/
280:/*********************/
281:void initwo(double wo[OUTPUTNO][HIDDENNO+1])
282:{
283: int i,j ;/*用于循环控制*/
284:
285:/*以随机数进行权重初始化 */
286: for(i=0;i<OUTPUTNO;++i)
287:  for(j=0;j<HIDDENNO+1;++j)
288:   wo[i][j]=drand() ;
289:}
290:
291:/*********************/
292:/*  forward()函数      */
293:/*   依次计算           */
294:/*********************/
295:double forward(double wh[HIDDENNO][INPUTNO+1]
296:,double wo[HIDDENNO+1],double hi[],double e[])
297:{
298: int i,j ;/*用于循环控制 */
299: double u ;/*用于加权和的计算*/
300: double o ;/*用于输出计算*/
301:
302: /*hi的计算*/
303: for(i=0;i<HIDDENNO;++i){
304:  u=0 ;/*加权和的计算*/
305:  for(j=0;j<INPUTNO;++j)
306:   u+=e[j]*wh[i][j] ;
307:  u-=wh[i][j] ;/*阈值处理*/
308:  hi[i]=s(u) ;
309: }
310: /*输出o的计算*/
311: o=0 ;
312: for(i=0;i<HIDDENNO;++i)
```

```
313:  o+=hi[i]*wo[i] ;
314:  o-=wo[i] ;/*阈值处理*/
315:
316: return s(o) ;
317:}
318:
319:/*********************/
320:/*  olearn()函数       */
321:/*  输出层的权重学习    */
322:/*********************/
323:void olearn(double wo[HIDDENNO+1]
324:     ,double hi[],double e[],double o,int k)
325:{
326: int i ;/*用于循环控制 */
327: double d ;/* 用于权重计算*/
328:
329: d=(e[INPUTNO+k]-o)*o*(1-o) ;/*误差计算*/
330: for(i=0;i<HIDDENNO;++i){
331:  wo[i]+=NNALPHA*hi[i]*d ;/* 权重学习 */
332: }
333: wo[i]+=NNALPHA*(-1.0)*d ;/*阈值学习*/
334:}
335:
336:/*********************/
337:/*  hlearn()函数        */
338:/* 中间层的权重学习       */
339:/*********************/
340:void hlearn(double wh[HIDDENNO][INPUTNO+1],double wo[HIDDENNO+1]
341:                ,double hi[],double e[],double o,int k)
342:{
343: int i,j ;/*用于循环控制 */
344: double dj ;/* 用于权重计算*/
345:
346: for(j=0;j<HIDDENNO;++j){/*以中间层的各个细胞j为对象*/
347:  dj=hi[j]*(1-hi[j])*wo[j]*(e[INPUTNO+k]-o)*o*(1-o) ;
348:  for(i=0;i<INPUTNO;++i)/*第i个权重的处理*/
349:   wh[j][i]+=NNALPHA*e[i]*dj ;
350:  wh[j][i]+=NNALPHA*(-1.0)*dj ;/* 阈值学习*/
351: }
352:}
353:
354:/*********************/
```

```
355:/*  printweight()函数  */
356:/*    结果输出          */
357:/*********************/
358:void printweight(double wh[HIDDENNO][INPUTNO+1]
359:                 ,double wo[OUTPUTNO][HIDDENNO+1])
360:{
361: int i,j ;/*用于循环控制 */
362:
363: for(i=0;i<HIDDENNO;++i)
364:  for(j=0;j<INPUTNO+1;++j)
365:   printf("%lf ",wh[i][j]) ;
366: printf("\n") ;
367: for(i=0;i<OUTPUTNO;++i){
368:  for(j=0;j<HIDDENNO+1;++j)
369:   printf("%lf ",wo[i][j]) ;
370: }
371: printf("\n") ;
372:}
373:
374:/*******************/
375:/* s()函数         */
376:/* Sigmoid函数     */
377:/*******************/
378:double s(double u)
379:{
380: return 1.0/(1.0+exp(-u)) ;
381:}
382:
383:/***********************/
384:/* drand()函数          */
385:/*生成-1~1之间的随机数   */
386:/***********************/
387:double drand(void)
388:{
389: double rndno ;/*生成的随机数*/
390:
391: while((rndno=(double)rand()/RAND_MAX)==1.0) ;
392: rndno=rndno*2-1 ;/*生成-1~1之间的随机数*/
393: return rndno;
394:}
```

执行例 4.1 是 q21dl. c 程序的执行例子。在执行例 4.1 中，与第 2 章的情况相同，都是以状态 6 作为最终目标的。随着学习的进展，指向状态 6 的路径的 Q 值逐渐增加。在图

4.11 中，我们总结了在执行例 4.1 的最终状态下，基于 Q 值的行动选择情况。

执行例 4.1　q21dl. c 程序的执行例子（1）：以状态 6 作为最终目标的情况

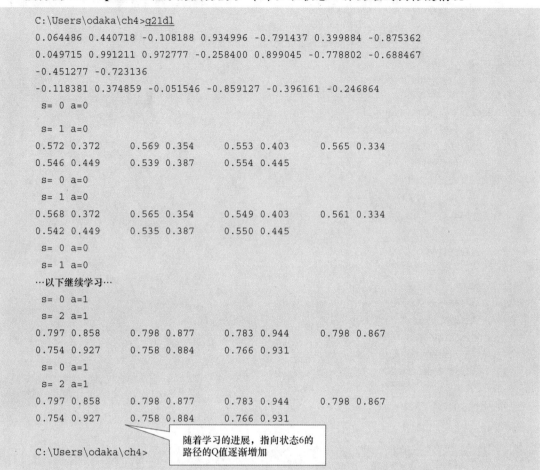

```
C:\Users\odaka\ch4>q21dl
0.064486 0.440718 -0.108188 0.934996 -0.791437 0.399884 -0.875362
0.049715 0.991211 0.972777 -0.258400 0.899045 -0.778802 -0.688467
-0.451277 -0.723136
-0.118381 0.374859 -0.051546 -0.859127 -0.396161 -0.246864
 s= 0 a=0

 s= 1 a=0
0.572 0.372    0.569 0.354    0.553 0.403    0.565 0.334
0.546 0.449    0.539 0.387    0.554 0.445
 s= 0 a=0
 s= 1 a=0
0.568 0.372    0.565 0.354    0.549 0.403    0.561 0.334
0.542 0.449    0.535 0.387    0.550 0.445
 s= 0 a=0
 s= 1 a=0
…以下继续学习…
 s= 0 a=1
 s= 2 a=1
0.797 0.858    0.798 0.877    0.783 0.944    0.798 0.867
0.754 0.927    0.758 0.884    0.766 0.931
 s= 0 a=1
 s= 2 a=1
0.797 0.858    0.798 0.877    0.783 0.944    0.798 0.867
0.754 0.927    0.758 0.884    0.766 0.931

C:\Users\odaka\ch4>
```

随着学习的进展，指向状态6的路径的Q值逐渐增加

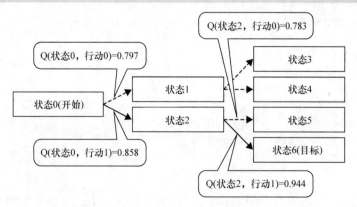

Q(状态2，行动0)=0.783

Q(状态0，行动0)=0.797

Q(状态0，行动1)=0.858

Q(状态2，行动1)=0.944

状态0(开始)　状态1　状态2　状态3　状态4　状态5　状态6(目标)

图 4.11　执行例 4.1 的最终状态中，基于 Q 值的行动选择

同样地，用相同的 q21dl. c 程序，我们把目标状态设置为状态 3，执行例子如执行例 4.2 所示。在执行例 4.2 中，在学习的初期设定了与执行例 4.1 相类似的数值，但是随着学习的进展，指向状态 3 的路径的 Q 值逐渐增加（见图 4.12）。

执行例 4.2　q21dl. c 程序的执行例子（2）：以状态 3 作为最终目标的情况

```
C:\Users\odaka\ch4>q21dl
0.064486 0.440718 -0.108188 0.934996 -0.791437 0.399884 -0.875362
0.049715 0.991211 0.972777 -0.258400 0.899045 -0.778802 -0.688467
-0.451277 -0.723136
-0.118381 0.374859 -0.051546 -0.859127 -0.396161 -0.246864
 s= 0 a=0
 s= 1 a=0
0.590 0.372     0.588 0.354     0.569 0.403     0.584 0.334
0.560 0.449     0.555 0.387     0.568 0.445
 s= 0 a=0
 s= 1 a=0
0.603 0.372     0.601 0.354     0.580 0.403     0.597 0.334
0.570 0.449     0.566 0.387     0.579 0.445
 s= 0 a=0
 s= 1 a=0
0.614 0.373     0.613 0.354     0.591 0.403     0.610 0.334
0.580 0.449     0.577 0.387     0.589 0.445
 s= 0 a=0
 s= 1 a=0
…以下继续学习…
 s= 0 a=0
 s= 1 a=0
0.867 0.756     0.960 0.733     0.835 0.740     0.943 0.733
0.816 0.745     0.876 0.723     0.832 0.751
 s= 0 a=1
 s= 2 a=0
0.866 0.756     0.960 0.733     0.835 0.740     0.943 0.733
0.815 0.745     0.876 0.723     0.832 0.751
 s= 0 a=1
 s= 2 a=0
0.866 0.756     0.960 0.733     0.834 0.740     0.943 0.733
0.815 0.745     0.875 0.722     0.831 0.751

C:\Users\odaka\ch4>
```

> 随着学习的进展，指向状态3的路径的Q值逐渐增加

4.2.2　目标探寻问题的深度强化学习程序 q22dl. c

接下来，我们介绍另外一个强化学习和深度学习融合的例子，这次我们选择在第 2 章中

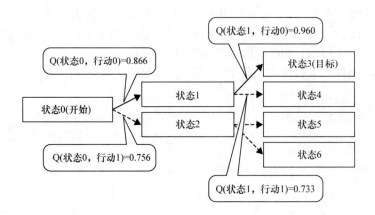

图 4.12 执行例 4.2 的最终状态中，基于 Q 值的行动选择

介绍的 q22.c 程序的基础上，融入卷积神经网络。我们这个程序命名为 q22dl.c。

在 q22dl.c 中，在 Q 值的处理过程中，我们尝试使用卷积神经网络。如图 4.9 所示，在 q22dl.c 程序中，使用 64 个输入和 4 个输出的卷积神经网络。

q22dl.c 程序的总体结构图如图 4.13 所示。在 q22dl.c 程序中，由于使用了卷积神经网络，所以与 q21dl.c 程序相比而言，需要增加与卷积处理相关的函数。

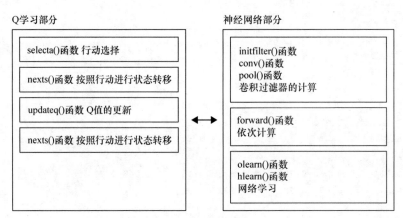

图 4.13 q22dl.c 程序的总体结构图

q22dl.c 程序包含了通过符号常量进行设定的各种各样的参数。表 4.1 总结了主要的符号常量。其中需要特别指出的是，关于随机数的种子 SEED 的数值，需要根据运行环境的改变进行相应的调整。另外，如果使用表 4.1 所示的值，可在 Windows 的 MinGW 环境中进行适当的学习。

表 4.1　q22dl. c 程序中的符号常量

	名称	设定值	说明
通用	SEED	32767	根据运行环境适当地设定合适的随机数种子的值（例如 65535 等）
Q 学习相关参数	GENMAX	100000	Q 学习的循环次数
	STATENO	64	Q 学习的状态数（8 × 8）
	ACTIONNO	4	Q 学习的行动数（上下左右）
	ALPHA	0.1	Q 学习的学习系数
	GAMMA	0.9	Q 学习的折扣系数
	EPSILON	0.3	Q 学习中的行动选择的随机系数（ε）
	REWARD	1	到达目标获得的奖赏
	GOAL	54	目标状态（状态 54）
	UP	0	向上的行动
	DOWN	1	向下的行动
	LEFT	2	向左的行动
	RIGHT	3	向右的行动
	LEVEL	512	单次 Q 学习的最大步数
神经网络相关参数	IMAGESIZE	8	输入图像的一个边的像素数
	F_SIZE	3	卷积过滤器的大小
	F_NO	2	过滤器的数量
	POOLOUTSIZE	3	池化层的输出大小
	INPUTNO	18	全连接层的输入层神经细胞数
	HIDDENNO	6	全连接层的中间层神经细胞数
	OUTPUTNO	4	全连接层的输出层神经细胞数
	NNALPHA	1	神经网络的学习系数

程序清单 4. 2 为 q22dl. c 程序的源代码。

■ 程序清单 4. 2　q22dl. c 程序源代码

```
 1:/************************************/
 2:/*      q22dl.c                     */
 3:/*    强化学习和神经网络的例程        */
 4:/*  q22.c的扩展版                    */
 5:/* 使用方法                          */
 6:/* C:\Users\odaka\ch4>q22dl          */
 7:/************************************/
 8:
```

```
 9:/*Visual Studio 兼容性       */
10:#define _CRT_SECURE_NO_WARNINGS
11:
12:/* 头文件的include          */
13:#include <stdio.h>
14:#include <stdlib.h>
15:#include <math.h>
16:
17:/* 常量定义              */
18:/*与强化学习相关 */
19:#define GENMAX  100000 /*学习循环次数     */
20:#define STATENO 64  /*状态的数量 */
21:#define ACTIONNO 4  /* 行动的数量 */
22:#define ALPHA 0.1/*学习系数 */
23:#define GAMMA 0.9/*折扣系数 */
24:#define EPSILON 0.3 /* 行动选择的随机系数      */
25://#define SEED 65535 /*随机数种子*/
26:#define SEED 32767 /* 随机数种子 */
27:#define REWARD 1 /* 目标达成的奖赏 */
28:#define GOAL 54 /* 状态54为目标状态 */
29:#define UP 0/*向上方向的行动 */
30:#define DOWN 1/*向下方向的行动 */
31:#define LEFT 2/*向左方向的行动 */
32:#define RIGHT 3/*向右方向的行动 */
33:#define LEVEL 512 /*单次学习的最大步数 */
34:/*与神经网络相关    */
35:/*与卷积计算相关*/
36:#define IMAGESIZE 8 /* 输入图像一个边的像素数 */
37:#define F_SIZE 3 /*卷积过滤器的大小       */
38:#define F_NO 2 /*过滤器的个数*/
39:#define POOLOUTSIZE 3 /*池化层输出的大小    */
40:/*与全连接层相关*/
41:#define INPUTNO 18   /*输入层的细胞数 */
42:#define HIDDENNO 6  /* 中间层的细胞数 */
43:#define OUTPUTNO 4  /*输出层的细胞数 */
44:#define NNALPHA  1    /* 学习系数 */
45:
46:/* 函数声明 */
47:/* 与强化学习相关*/
48:int rand03() ;/*返回0、1、2、3的随机数函数 */
49:double frand() ;/*返回0～1的实数随机数函数 */
50:void printqvalue(double wh[HIDDENNO][INPUTNO+1]
51:    ,double wo[OUTPUTNO][HIDDENNO+1],double hi[]
```

```
52:        ,double filter[F_NO][F_SIZE][F_SIZE]);/* 输出Q值 */
53:int selecta(int s,double wh[HIDDENNO][INPUTNO+1]
54:        ,double wo[OUTPUTNO][HIDDENNO+1],double hi[]
55:        ,double filter[F_NO][F_SIZE][F_SIZE]);/* 行动选择 */
56:double updateq(int s,int snext,int a,double wh[HIDDENNO][INPUTNO+1]
57:        ,double wo[OUTPUTNO][HIDDENNO+1],double hi[]
58:        ,double filter[F_NO][F_SIZE][F_SIZE]);/* Q值更新 */
59:int set_a_by_q(int s,double wh[HIDDENNO][INPUTNO+1]
60:        ,double wo[OUTPUTNO][HIDDENNO+1],double hi[]
61:        ,double filter[F_NO][F_SIZE][F_SIZE]);/* 选择最大的Q值 */
62:int nexts(int s,int a) ;/* 根据行动转移到下一个状态 */
63:double calcqvalue(double wh[HIDDENNO][INPUTNO+1]
64: ,double wo[HIDDENNO+1],double hi[],double e[],int s,int a) ;
65:                                    /*Q值的计算 */
66:
67:/* 与神经网络相关 */
68:/* 与卷积计算相关 */
69:void initfilter(double filter[F_NO][F_SIZE][F_SIZE]) ;
70:                    /* 卷积过滤器的初始化 */
71:int getdata(double image[][IMAGESIZE][IMAGESIZE]
72:                    ,double t[][OUTPUTNO]) ; /*数据的读入 */
73:void conv(double filter[F_SIZE][F_SIZE]
74:                    ,double e[][IMAGESIZE]
75:                    ,double convout[][IMAGESIZE]) ; /* 卷积运算 */
76:double calcconv(double filter[][F_SIZE]
77:                    ,double e[][IMAGESIZE],int i,int j) ;/* 使用过滤器 */
78:void pool(double convout[][IMAGESIZE],double poolout[][POOLOUTSIZE]) ;
79:                                    /* 池化运算 */
80:double calcpooling(double convout[][IMAGESIZE]
81:                    ,int x,int y) ;/* 平均值池化 */
82:
83:void set_e_by_s(int s,double filter[F_NO][F_SIZE][F_SIZE]
84:                    ,double e[]) ;/*应用卷积的神经网络输入数据的设定 */
85:
86:/*与全连接相关 */
87:void initwh(double wh[HIDDENNO][INPUTNO+1]) ;
88:                    /* 中间层权重的初始化 */
89:void initwo(double wo[OUTPUTNO][HIDDENNO+1]) ;
90:                    /* 输出层权重的初始化 */
91:double forward(double wh[HIDDENNO][INPUTNO+1]
92:        ,double [HIDDENNO+1],double hi[]
93:        ,double e[INPUTNO+OUTPUTNO]) ; /* 依次计算 */
94:void olearn(double wo[HIDDENNO+1],double hi[]
```

```
 95:          ,double e[INPUTNO+OUTPUTNO],double o,int k) ;
 96:                            /*输出层权重的学习*/
 97:void hlearn(double wh[HIDDENNO][INPUTNO+1]
 98:          ,double wo[HIDDENNO+1],double hi[]
 99:          ,double e[INPUTNO+OUTPUTNO],double o,int k) ;
100:                            /* 中间层权重的学习 */
101:void printweight(double wh[HIDDENNO][INPUTNO+1]
102:            ,double wo[OUTPUTNO][HIDDENNO+1]) ; /*结果输出 */
103:double s(double u) ; /*Sigmoid函数 */
104:double drand(void) ;/* 生成-1~1之间的随机数*/
105:
106:/***************/
107:/*  main()函数  */
108:/***************/
109:int main()
110:{
111: /*与强化学习相关*/
112: int i;
113: int s,snext;/* 现在的状态和下一个状态*/
114: int t;/*循环计数器*/
115: int a;/*行动*/
116: /*与神经网络相关*/
117: /*与卷积计算相关*/
118: double filter[F_NO][F_SIZE][F_SIZE] ;/*卷积过滤器 */
119:
120: /*与全连接相关*/
121: double wh[HIDDENNO][INPUTNO+1] ;/*中间层权重*/
122: double wo[OUTPUTNO][HIDDENNO+1] ;/*输出层权重*/
123: double e[INPUTNO+OUTPUTNO] ;/*学习数据集 */
124: double hi[HIDDENNO+1] ;/*中间层输出*/
125: double o[OUTPUTNO]  ;/*输出 */
126: int count=0 ;/*循环计算器 */
127:
128: /*随机数初始化 */
129: srand(SEED);
130:
131: /*卷积过滤器的初始化 */
132: initfilter(filter) ;
133:
134: /*权重初始化*/
135: initwh(wh) ;
136: initwo(wo) ;
137: printweight(wh,wo) ;
```

```
138:
139: /*学习*/
140: for(i=0;i<GENMAX;++i){
141:   if(i%1000==0) fprintf(stderr,"%d000 step\n",i/1000) ;
142:   s=0;/*行动的初始状态*/
143:   for(t=0;t<LEVEL;++t){/* 一直循环到最大步数 */
144:     /*行动选择*/
145:     a=selecta(s,wh,wo,hi,filter) ;
146:     fprintf(stdout," s= %d a=%d\n",s,a) ;
147:     snext=nexts(s,a) ;
148:
149:     /* Q值更新*/
150:     /*神经网络输入数据e的设定 */
151:     set_e_by_s(s,filter,e) ;
152:     e[INPUTNO+a]=updateq(s,snext,a,wh,wo,hi,filter) ;/*行动*/
153:     /*依次计算*/
154:     o[a]=forward(wh,wo[a],hi,e) ;
155:     /*输出层权重调整*/
156:     olearn(wo[a],hi,e,o[a],a) ;
157:     /*中间层权重调整*/
158:     hlearn(wh,wo[a],hi,e,o[a],a) ;
159:     /* 根据行动a转移到下一个状态snext*/
160:     s=snext ;
161:     /* 到达目标后，返回初始状态 */
162:     if(s==GOAL) break ;
163:   }
164:   /* 输出Q值 */
165:   printqvalue(wh,wo,hi,filter) ;
166: }
167: return 0;
168:}
169:
170:/******************/
171:/* 调用的函数      */
172:/* 与强化学习相关   */
173:/******************/
174:
175:/******************/
176:/*calcqvalue()函数*/
177:/*Q值的计算        */
178:/******************/
179:double calcqvalue(double wh[HIDDENNO] [INPUTNO+1]
180: ,double wo[HIDDENNO+1],double hi[],double e[],int s,int a)
```

```
181:{
182:
183: /* 不合法的移动方向，Q值设置为0 */
184: if((s<=7)&&(a==UP)) return 0 ;/* 上边不能向上前进 */
185: if((s>=56)&&(a==DOWN)) return 0 ;/* 下边不能向下前进 */
186: if((s%8==0)&&(a==LEFT)) return 0 ;/* 左边不能向左前进 */
187: if((s%8==7)&&(a==RIGHT)) return 0 ;/* 右边不能向右前进 */
188:
189: /*合法的移动方向的Q值设定 */
190: return forward(wh,wo,hi,e) ;
191:}
192:
193:/****************************/
194:/*      updateq()函数       */
195:/*      对Q值进行更新        */
196:/****************************/
197:double updateq(int s,int snext,int a,double wh[HIDDENNO][INPUTNO+1]
198:                ,double wo[OUTPUTNO][HIDDENNO+1],double hi[]
199:                ,double filter[F_NO][F_SIZE][F_SIZE])
200:{
201: double qv ;/* 更新后的Q值 */
202: double qvalue_sa ;/* 现在的Q值 */
203: double qvalue_snexta ;/*下一个状态的最大Q值 */
204: double e[INPUTNO+OUTPUTNO]={0}  ;
205:
206: /* 求得现在的状态s的Q值 */
207: /* 神经网络输入的设定 */
208: set_e_by_s(s,filter,e) ;
209: qvalue_sa=calcqvalue(wh,wo[a],hi,e,s,a) ;/*行动a*/
210:
211: /*求得下一个状态snext的Q值 */
212: /* 神经网络输入的设定 */
213: set_e_by_s(snext,filter,e) ;
214: qvalue_snexta=calcqvalue(wh,wo[set_a_by_q(snext,wh,wo,hi,filter)]
215:                          ,hi,e,snext,set_a_by_q(snext,wh,wo,hi,filter)) ;
216:
217: /*Q值更新 */
218: if(snext==GOAL)/* 获得奖赏的情况 */
219:   qv=qvalue_sa+ALPHA*(REWARD-qvalue_sa) ;
220: else/*没有获得奖赏的情况 */
221:   qv=qvalue_sa
222:     +ALPHA*(GAMMA*qvalue_snexta-qvalue_sa) ;
223:
```

```
224: return qv ;
225:}
226:
227:/****************************/
228:/*      selecta()函数       */
229:/*      选择行动            */
230:/****************************/
231:int selecta(int s,double wh[HIDDENNO][INPUTNO+1]
232:                ,double wo[OUTPUTNO][HIDDENNO+1],double hi[]
233:                ,double filter[F_NO][F_SIZE][F_SIZE])
234:{
235: int a ;/*被选择的行动 */
236: double e[INPUTNO+OUTPUTNO]={0}  ;
237:
238: /*神经网络的输入设定 */
239: set_e_by_s(s,filter,e) ;
240: /*用ε-Greedy法进行行动选择 */
241: if(frand()<EPSILON){
242:   /* 随机行动 */
243:   do{
244:     a=rand03() ;
245:   }while(calcqvalue(wh,wo[a],hi,e,s,a)==0) ;/*不合法的移动方向，要重新再一次
选择行动 */
246: }
247: else{
248:   /*选择最大Q值进行行动  */
249:   a=set_a_by_q(s,wh,wo,hi,filter) ;
250: }
251:
252: return a ;
253:}
254:
255:/****************************/
256:/*    set_a_by_q()函数      */
257:/*    选择最大Q值            */
258:/****************************/
259:int set_a_by_q(int s,double wh[HIDDENNO][INPUTNO+1]
260:                ,double wo[OUTPUTNO][HIDDENNO+1],double hi[]
261:                ,double filter[F_NO][F_SIZE][F_SIZE])
262:{
263: double maxq=0 ;/*Q值的最大值候选 */
264: int maxaction=0 ;/* 与最大Q值相对应的行动 */
265: int i ;
```

```
266: double e[INPUTNO+OUTPUTNO]={0} ;
267:
268: /* 神经网络的输入设定 */
269: set_e_by_s(s,filter,e) ;
270: for(i=0;i<ACTIONNO;++i)
271:  if(calcqvalue(wh,wo[i],hi,e,s,i)>maxq){
272:
273:    maxq=calcqvalue(wh,wo[i],hi,e,s,i) ;/*最大值更新*/
274:    maxaction=i ;/* 对应的行动*/
275:  }
276:
277: return maxaction ;
278:
279:}
280:
281:/***************************/
282:/*    nexts()函数          */
283:/*根据行动转移到下一个状态   */
284:/***************************/
285:int nexts(int s,int a)
286:{
287: int next_s_value[]={-8,8,-1,1} ;
288:        /*与行动a相对应的转移到下一个状态的加法运算值 */
289:
290: return s+next_s_value[a] ;
291:}
292:
293:/***************************/
294:/*    printqvalue()函数     */
295:/*    输出Q值               */
296:/***************************/
297:void printqvalue(double wh[HIDDENNO][INPUTNO+1]
298:                ,double wo[OUTPUTNO][HIDDENNO+1],double hi[]
299:                ,double filter[F_NO][F_SIZE][F_SIZE])
300:{
301: int i,j ;
302: double e[INPUTNO+OUTPUTNO]={0} ;
303:
304: for(i=0;i<STATENO;++i){
305:  for(j=0;j<ACTIONNO;++j){
306:   set_e_by_s(i,filter,e) ;
307:   printf("%.3lf ",forward(wh,wo[j],hi,e));
308:  }
```

```
309:  printf("\t") ;
310: }
311: printf("\n");
312:}
313:
314:/****************************/
315:/*       frand()函数        */
316:/* 返回0～1之间的实数随机数函数 */
317:/****************************/
318:double frand()
319:{
320: /*随机数计算 */
321: return (double)rand()/RAND_MAX ;
322:}
323:
324:/****************************/
325:/*       rand03()函数       */
326:/*   返回0、1、2、3的随机数函数/
327:/****************************/
328:int rand03()
329:{
330: int rnd ;
331:
332: /*除以随机数最大值 */
333: while((rnd=rand())==RAND_MAX) ;
334: /* 随机数计算 */
335: return (int)((double)rnd/RAND_MAX*4) ;
336:}
337:
338:/************************/
339:/*  调用的函数          */
340:/*  与神经网络相关       */
341:/************************/
342:/*******************/
343:/*    initwh()函数    */
344:/*中间层权重的初始化  */
345:/*******************/
346:void initwh(double wh[HIDDENNO][INPUTNO+1])
347:{
348: int i,j ;/* 用于循环控制 */
349:
350: /*以随机数进行权重初始化 */
351: for(i=0;i<HIDDENNO;++i)
```

```
352:    for(j=0;j<INPUTNO+1;++j)
353:      wh[i][j]=drand() ;
354:}
355:
356:/**********************/
357:/*    initwo()函数    */
358:/* 输出层权重的初始化  */
359:/**********************/
360:void initwo(double wo[OUTPUTNO][HIDDENNO+1])
361:{
362: int i,j ;/* 用于循环控制 */
363:
364: /* 以随机数进行权重初始化 */
365: for(i=0;i<OUTPUTNO;++i)
366:   for(j=0;j<HIDDENNO+1;++j)
367:     wo[i][j]=drand() ;
368:}
369:
370:/**********************/
371:/*    forward()函数    */
372:/*    依次计算         */
373:/**********************/
374:double forward(double wh[HIDDENNO][INPUTNO+1]
375: ,double wo[HIDDENNO+1],double hi[],double e[])
376:{
377: int i,j ;/* 用于循环控制 */
378: double u ;/* 用于加权和的计算 */
379: double o ;/* 用于输出计算 */
380:
381: /*hi 的计算 */
382: for(i=0;i<HIDDENNO;++i){
383:   u=0 ;/* 加权和的计算    */
384:   for(j=0;j<INPUTNO;++j)
385:     u+=e[j]*wh[i][j] ;
386:   u-=wh[i][j] ;/* 阈值处理    */
387:   hi[i]=s(u) ;
388: }
389: /* 输出 o 的计算 */
390: o=0 ;
391: for(i=0;i<HIDDENNO;++i)
392:   o+=hi[i]*wo[i] ;
393: o-=wo[i] ;/* 阈值处理 */
394:
```

```
395: return s(o) ;
396:}
397:
398:/*********************/
399:/*  olearn()函数      */
400:/*   输出层的权重学习   */
401:/*********************/
402:void olearn(double wo[HIDDENNO+1]
403:    ,double hi[],double e[],double o,int k)
404:{
405: int i ;/*用于循环控制 */
406: double d ;/*用于权重计算 */
407:
408: d=(e[INPUTNO+k]-o)*o*(1-o) ;/*误差计算 */
409: for(i=0;i<HIDDENNO;++i){
410:   wo[i]+=NNALPHA*hi[i]*d ;/*权重学习 */
411: }
412: wo[i]+=NNALPHA*(-1.0)*d ;/*阈值学习 */
413:}
414:
415:/*********************/
416:/*  hlearn()函数      */
417:/*   中间层权重学习     */
418:/*********************/
419:void hlearn(double wh[HIDDENNO][INPUTNO+1],double wo[HIDDENNO+1]
420:                 ,double hi[],double e[],double o,int k)
421:{
422: int i,j ;/* 用于循环控制 */
423: double dj ;/*用于权重计算 */
424:
425: for(j=0;j<HIDDENNO;++j){/* 以中间层的各个细胞j为对象 */
426:   dj=hi[j]*(1-hi[j])*wo[j]*(e[INPUTNO+k]-o)*o*(1-o) ;
427:   for(i=0;i<INPUTNO;++i)/* 第i个权重的处理 */
428:     wh[j][i]+=NNALPHA*e[i]*dj ;
429:   wh[j][i]+=NNALPHA*(-1.0)*dj ;/*阈值学习 */
430: }
431:}
432:
433:/*********************/
434:/*  printweight()函数 */
435:/*    结果输出        */
436:/*********************/
437:void printweight(double wh[HIDDENNO][INPUTNO+1]
438:,(double wo[OUTPUTNO][HIDDENNO+1])
```

```
439:{
440: int i,j ;/*用于循环控制 */
441:
442: for(i=0;i<HIDDENNO;++i)
443:  for(j=0;j<INPUTNO+1;++j)
444:   printf("%lf ",wh[i][j]) ;
445: printf("\n") ;
446: for(i=0;i<OUTPUTNO;++i){
447:  for(j=0;j<HIDDENNO+1;++j)
448:   printf("%lf ",wo[i][j]) ;
449: }
450: printf("\n") ;
451:}
452:
453:/********************/
454:/* s()函数          */
455:/* Sigmoid函数      */
456:/********************/
457:double s(double u)
458:{
459: return 1.0/(1.0+exp(-u)) ;
460:}
461:
462:/************************/
463:/* drand()函数          */
464:/* 生成-1~1之间的随机数   */
465:/************************/
466:double drand(void)
467:{
468: double rndno ;/*生成的随机数 */
469:
470: while((rndno=(double)rand()/RAND_MAX)==1.0) ;
471: rndno=rndno*2-1 ;/* 生成-1~1之间的随机数 */
472: return rndno;
473:}
474:
475:/*********************/
476:/*  initfilter()函数  */
477:/*  过滤器初始化       */
478:/*********************/
479:void initfilter(double filter[F_NO][F_SIZE][F_SIZE])
480:{
481: int i,j,k ;/* 用于循环控制 */
```

```
482:
483: for(i=0;i<F_NO;++i)
484:  for(j=0;j<F_SIZE;++j)
485:   for(k=0;k<F_SIZE;++k)
486:    filter[i][j][k]=drand() ;
487:}
488:
489:/*********************/
490:/*  conv()函数        */
491:/*  卷积运算          */
492:/*********************/
493:void conv(double filter[][F_SIZE]
494:          ,double e[][IMAGESIZE],double convout[][IMAGESIZE])
495:{
496: int i=0,j=0 ;/*用于循环控制 */
497: int startpoint=F_SIZE/2 ;/*卷积范围下限 */
498:
499: for(i=startpoint;i<IMAGESIZE-startpoint;++i)
500:  for(j=startpoint;j<IMAGESIZE-startpoint;++j)
501:   convout[i][j]=calcconv(filter,e,i,j) ;
502:}
503:
504:/*********************/
505:/*  calcconv()函数    */
506:/*  使用过滤器        */
507:/*********************/
508:double calcconv(double filter[][F_SIZE]
509:               ,double e[][IMAGESIZE],int i,int j)
510:{
511: int m,n ;/*用于循环控制  */
512: double sum=0 ;/*合计 */
513:
514: for(m=0;m<F_SIZE;++m)
515:  for(n=0;n<F_SIZE;++n)
516:   sum+=e[i-F_SIZE/2+m][j-F_SIZE/2+n]*filter[m][n];
517:
518: return sum ;
519:}
520:
521:/*********************/
522:/*  pool()函数        */
523:/*  池化运算          */
524:/*********************/
```

```
525:void pool(double convout[][IMAGESIZE]
526:        ,double poolout[][POOLOUTSIZE])
527:{
528: int i,j ;/*用于循环控制*/
529:
530: for(i=0;i<POOLOUTSIZE;++i)
531:  for(j=0;j<POOLOUTSIZE;++j)
532:   poolout[i][j]=calcpooling(convout,i*2+1,j*2+1) ;
533:}
534:
535:/*********************/
536:/* calcpooling()函数   */
537:/* 平均值池化         */
538:/*********************/
539:double calcpooling(double convout[][IMAGESIZE]
540:                   ,int x,int y)
541:{
542: int m,n ;/*用于循环控制*/
543: double ave=0.0 ;/*平均值*/
544:
545: for(m=x;m<=x+1;++m)
546:  for(n=y;n<=y+1;++n)
547:   ave+=convout[m][n] ;
548:
549: return ave/4.0 ;
550:}
551:
552:/********************************/
553:/* set_e_by_s()函数              */
554:/* 应用卷积的神经网络输入数据的设定   */
555:/********************************/
556:void set_e_by_s(int s,double filter[F_NO][F_SIZE][F_SIZE]
557:               ,double e[])
558:{
559: int i,j,m,n ;/*用于循环控制*/
560: double image[IMAGESIZE][IMAGESIZE] ;/*输入数据*/
561: double convout[IMAGESIZE][IMAGESIZE] ;/*卷积输出*/
562: double poolout[POOLOUTSIZE][POOLOUTSIZE] ;/*输出数据*/
563:
564: /*卷积部分的输入设定*/
565: for(i=0;i<IMAGESIZE;++i)
566:  for(j=0;j<IMAGESIZE;++j){
567:   if((i+j*IMAGESIZE)==s) image[i][j]=1 ;
```

```
568:   else image[i][j]=0 ;
569: }
570:
571: for(j=0;j<F_NO;++j){/*在每个过滤器中进行循环*/
572:   /*卷积运算*/
573:   conv(filter[j],image,convout) ;
574:   /*池化运算*/
575:   pool(convout,poolout) ;
576:   /*将池化运算的结果作为全连接层的输入*/
577:   for(m=0;m<POOLOUTSIZE;++m)
578:     for(n=0;n<POOLOUTSIZE;++n)
579:     e[j*POOLOUTSIZE*POOLOUTSIZE+POOLOUTSIZE*m+n]
580:        =poolout[m][n] ;
581:     for(m=0;m<OUTPUTNO;++m)
582:       e[POOLOUTSIZE*POOLOUTSIZE*F_NO+m]=0 ;/*清空教师数据*/
583: }
584:}
```

　　q22dl. c 程序的执行例子如执行例 4.3 所示。在执行例 4.3 中，学习循环的次数是 10 万次，下面截取了最开始和最后面部分的执行结果。实际上，随着程序运行，将产生大量的中间输出。

执行例 4.3　　q22dl. c 程序的执行例子

```
C:\Users\odaka\ch4>q22dl
741 0.515427 0.705557 0.336833 0.602710 0.031892 0.945799 -0.045991
0.616199 -0.240333 -0.631825 -0.860591 -0.106174 0.851009 -0.955748
    (继续输出神经网络参数)
-0.592700 0.077242 -0.522874 0.222999 0.624256 0.077609 -0.973205
-0.589892 0.089572 0.996094 -0.855586 -0.011017 0.905576 0.847102
0.822871 0.872677 -0.341594 0.896725
 s= 0 a=3
 s= 1 a=2
 s= 0 a=1         ┌─────────────────┐
 s= 8 a=0         │  以下持续进行Q学习  │
 s= 0 a=3         └─────────────────┘
 s= 1 a=2
 s= 0 a=3
 s= 1 a=2
 s= 0 a=3
 s= 1 a=2
 ...
```

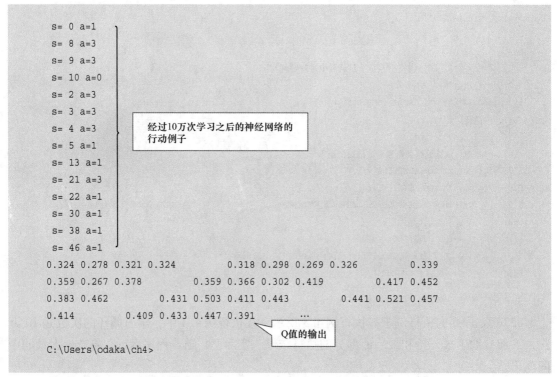

```
s= 0  a=1
s= 8  a=3
s= 9  a=3
s= 10 a=0
s= 2  a=3
s= 3  a=3
s= 4  a=3          经过10万次学习之后的神经网络的
                   行动例子
s= 5  a=1
s= 13 a=1
s= 21 a=3
s= 22 a=1
s= 30 a=1
s= 38 a=1
s= 46 a=1

0.324 0.278 0.321 0.324           0.318 0.298 0.269 0.326           0.339
0.359 0.267 0.378           0.359 0.366 0.302 0.419           0.417 0.452
0.383 0.462           0.431 0.503 0.411 0.443           0.441 0.521 0.457
0.414           0.409 0.433 0.447 0.391           ...

                                              Q值的输出

C:\Users\odaka\ch4>
```

在执行例 4.3 中，基于学习最终结果的行动知识如图 4.14 所示。在起始状态（状态 0）中，由于程序的限定，可以选择的行动必定只限于向下或向右。从图 4.14 我们可以看出，从起始状态 S 出发后，向右或向下移动之后，很快就获得了通往目标状态的最短路径。

需要注意的是，q22dl. c 程序的初始化设定中设定了 10 万次学习循环的次数。因此，这个程序与本书的其他例题程序相比而言，运行的时间会长很多。另外，中间过程中的输出数据量也很庞大，终端显示本身也花费了相当多的处理时间。因此，在执行时将输出数据重定向到文件，可以缩短一部分运行时间。

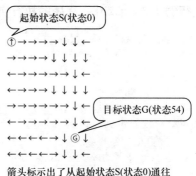

图 4.14　通过 q22dl. c 程序学习后的神经网络的输出（Q 值）

执行例 4.4 是我们把输出结果重定向到文本文件后的执行例子。通过重定向到文本文件，中间过程数据将保存到文件中。同时，为了确认运行状况，终端屏幕每 1000 步会显示一次信息。这样一来，在程序运行过程中处理到什么程度也可以大致看得出来。

执行例 4.4 q22dl. c 程序的执行例子（通过重定向，将中间过程数据保存到 q22dlout. txt 文件中）

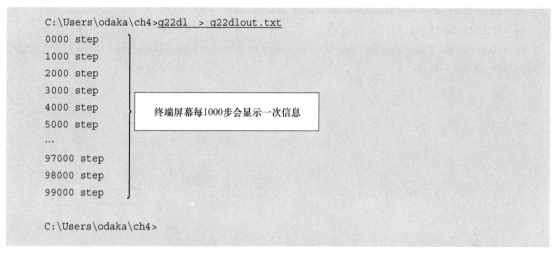

```
C:\Users\odaka\ch4>q22dl  > q22dlout.txt
0000 step
1000 step
2000 step
3000 step
4000 step                 终端屏幕每1000步会显示一次信息
5000 step
...
97000 step
98000 step
99000 step

C:\Users\odaka\ch4>
```

参 考 文 献

[1] Volodymyr Mnih et. al,   "Human-level control through deep reinforcement learning", Nature, Vol. 518, pp. 529 – 533 (2015).

[2] David Silver et. al, "Mastering the game of Go with deep neural networks and tree search", Nature, Vol. 529, pp. 485 – 503 (2016).

強化学習と深層学習 C 言語によるシミュレーション，Ohmsha，1st edition，by 小高 知宏，ISBN：978 - 4 - 274 - 22114 - 9

Original Japanese Language edition KYOKA GAKUSHU TO SHINSO GAKUSHU CGENGO NI YORU SIMULATION by Tomohiro Odaka

图书在版编目（CIP）数据

强化学习与深度学习：通过 C 语言模拟/（日）小高 知宏著；张小猛译. —北京：机械工业出版社，2019.6
ISBN 978-7-111-62718-0

Ⅰ. ①强… Ⅱ. ①小… ②张… Ⅲ. ①机器学习 - 研究 Ⅳ. ①TP181

中国版本图书馆 CIP 数据核字（2019）第 090039 号

机械工业出版社（北京市百万庄大街 22 号 邮政编码 100037）
策划编辑：任 鑫 责任编辑：间洪庆
责任校对：梁 静 封面设计：马精明
责任印制：李 昂
唐山三艺印刷有限公司印刷
2019 年 7 月第 1 版第 1 次印刷
184mm × 240mm · 10.5 印张 · 231 千字
标准书号：ISBN 978-7-111-62718-0
定价：59.00 元

电话服务 网络服务
客服电话：010 - 88361066 机 工 官 网：www.cmpbook.com
　　　　　010 - 88379833 机 工 官 博：weibo.com/cmp1952
　　　　　010 - 68326294 金 书 网：www.golden - book.com
封底无防伪标均为盗版 机工教育服务网：www.cmpedu.com